もくじ 文章題・図形６年

ページ

6年のまとめ

対称な図形

●線対称（せんたいしょう）な図形では、対応する2つの点を結ぶ直線は、対称の軸（じく）と垂直（すいちょく）に交わる。

●点対称な図形では、対応する2つの点を結ぶ直線は、対称の中心を通る。

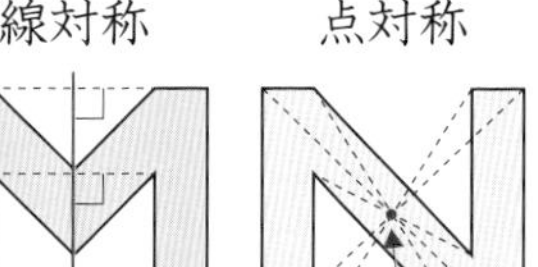

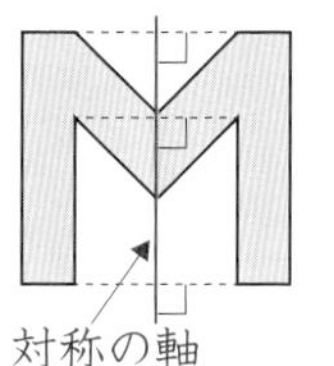

円の面積

●円の面積
＝半径×半径×円周率

※円周率はふつう
3.14を使う。

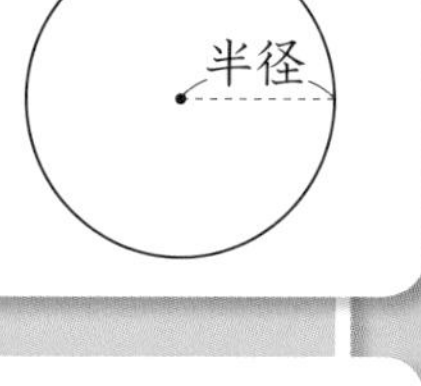

角柱や円柱の体積

●角柱の体積＝底面積×高さ

●円柱の体積＝底面積×高さ

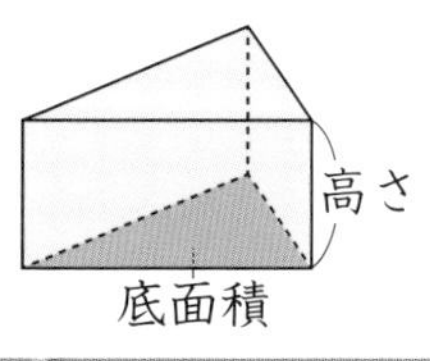

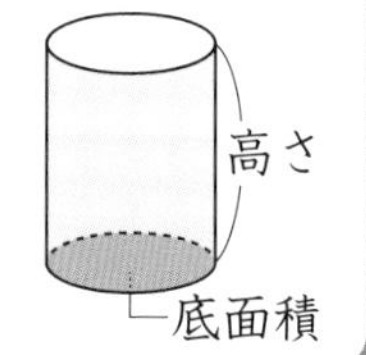

比例

●式➡ y＝決まった数× x

●グラフ➡ 0の点を通る直線

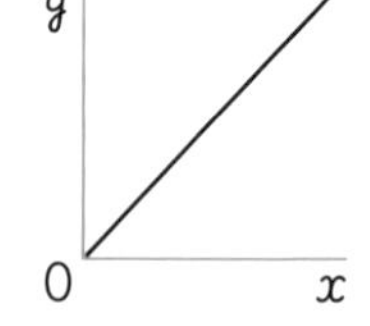

反比例

●式➡ y＝決まった数÷ x

●グラフ➡ 下のような曲線

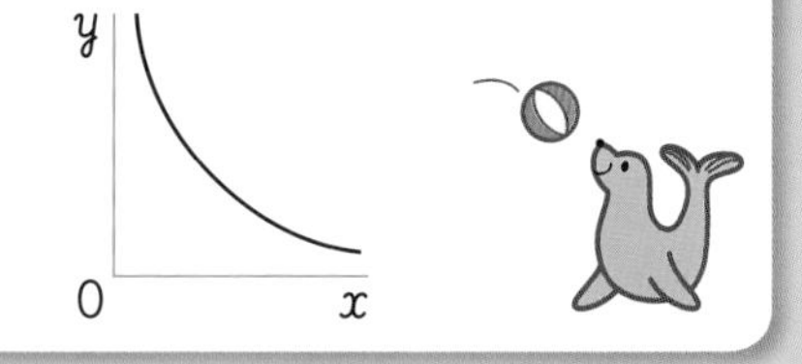

きほん 1

月　日

1 対称な形
線対称な図形

／100点

1 右の㋐～㋓について、次の問題に答えましょう。 1つ15〔30点〕

❶ ㋐～㋓のうち、線対称(せんたいしょう)な図形を答えましょう。

（　　　　）

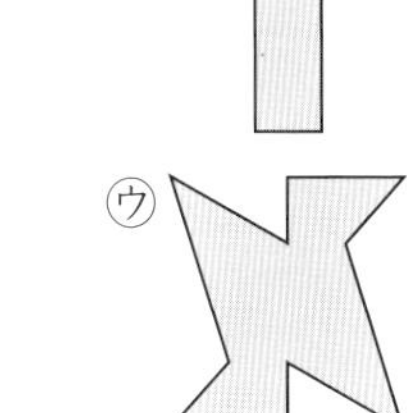

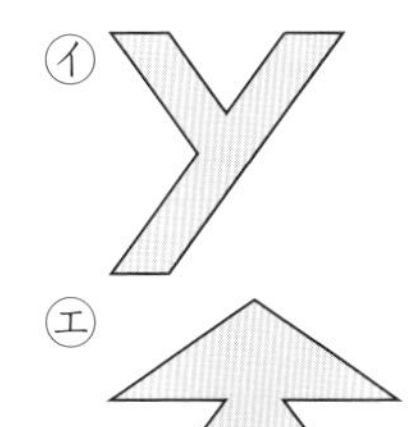

❷ ❶で答えた線対称な図形に対称の軸(じく)をかきましょう。

2 右の図は線対称な図形で、直線アイは対称の軸です。 1つ10〔50点〕

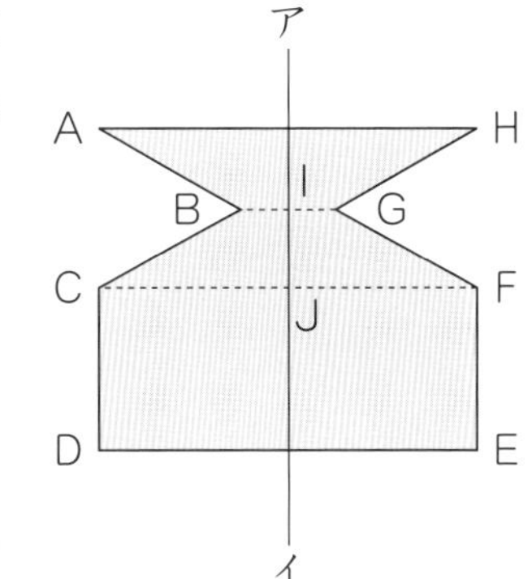

❶ 頂点(ちょうてん)Dに対応する頂点はどれですか。 （　　　　）

❷ 辺BCに対応する辺はどれですか。 （　　　　）

❸ 角Aに対応する角はどれですか。 （　　　　）

❹ 直線BIと等しい長さの直線はどれですか。 （　　　　）

❺ 直線CJと等しい長さの直線はどれですか。 （　　　　）

3 右の方眼に、直線アイを対称の軸として、線対称な図形をかきましょう。

〔20点〕

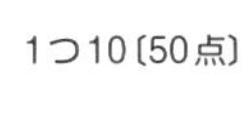

ア
イ

答えは65ページ

月　日

1　対称な形
線対称な図形

1 次の図形のうち、線対称(せんたいしょう)な図形を記号で答えましょう。〔20点〕

㋐　直角三角形　　㋑　二等辺三角形　　㋒　正三角形

㋓　平行四辺形　　㋔　ひし形　　㋕　台形

㋖　長方形　　㋗　正方形

(　　　　　)

2 右の図は線対称な図形です。　1つ10〔40点〕

A　J　B　I　C　D　G　H　E　F

❶　頂点(ちょうてん)Cに対応する頂点はどれですか。(　　　　　)

❷　辺GFに対応する辺はどれですか。(　　　　　)

❸　角Iに対応する角はどれですか。(　　　　　)

❹　直線BDに対応する直線はどれですか。(　　　　　)

3 次の図は線対称な図形です。対称の軸(じく)は、それぞれ何本ありますか。　1つ10〔20点〕

❶

(　　　　　)

❷

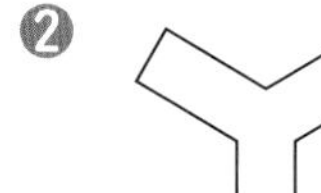
(　　　　　)

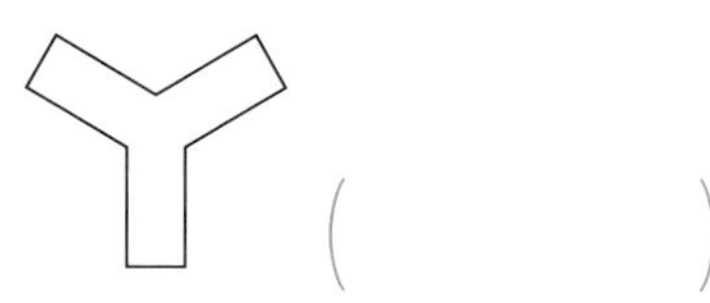

4 直線アイを対称の軸として、線対称な図形をかきましょう。〔20点〕

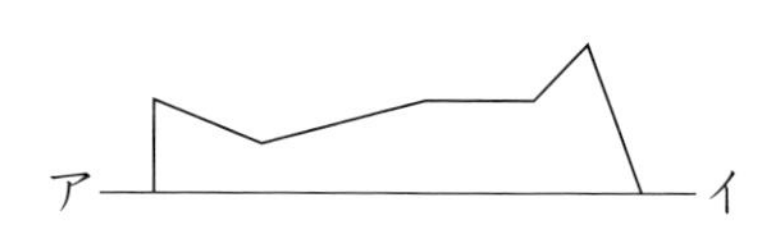

答えは
65ページ

きほん 2

月　日

1 対称な形
点対称な図形

／100点

1 次の㋐～㋓のうち、点対称(てんたいしょう)な図形を答えましょう。〔20点〕

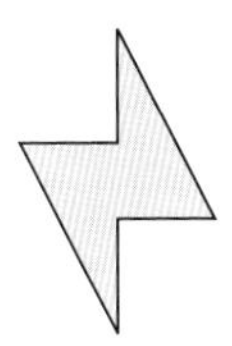
㋑
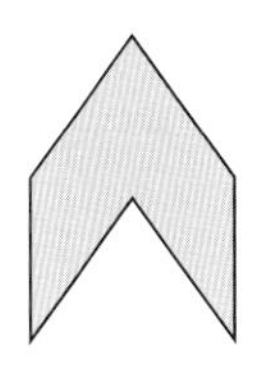
㋒
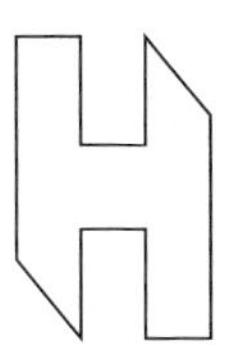
㋓

（　　　）

2 右の図は点対称な図形で、点 O は対称の中心です。1つ12〔60点〕

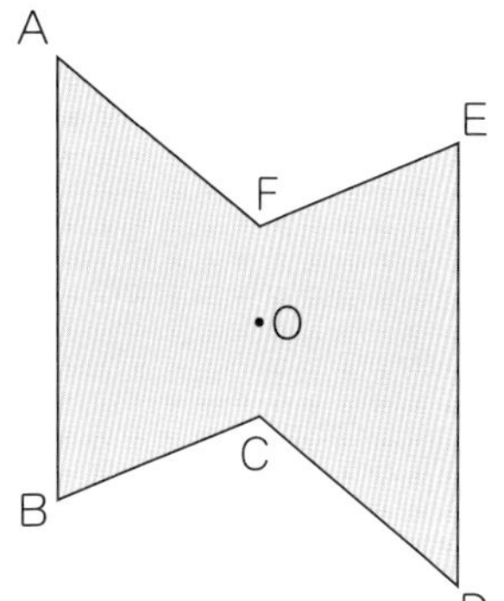

❶ 頂点(ちょうてん) A に対応する頂点はどれですか。（　　　）

❷ 辺 CD に対応する辺はどれですか。（　　　）

❸ 角 B に対応する角はどれですか。（　　　）

❹ 直線 FO と等しい長さの直線はどれですか。（　　　）

❺ 直線 EO と等しい長さの直線はどれですか。（　　　）

3 右の方眼に、点 O を対称の中心として、点対称な図形をかきましょう。〔20点〕

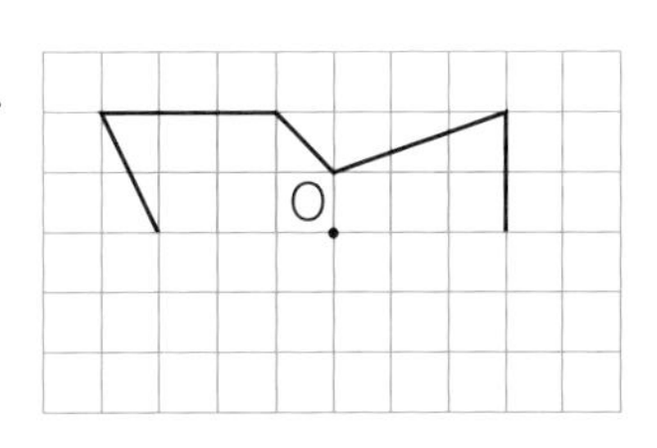

答えは 65ページ

月　日

1 対称な形
点対称な図形

／100点

1 次の図形のうち、点対称(てんたいしょう)な図形を記号で答えましょう。〔15点〕

㋐ 直角三角形　㋑ 二等辺三角形　㋒ 正三角形
㋓ 平行四辺形　㋔ ひし形　㋕ 台形
㋖ 長方形　㋗ 正方形

（　　　　）

2 右の図は点対称な図形です。1つ10〔70点〕

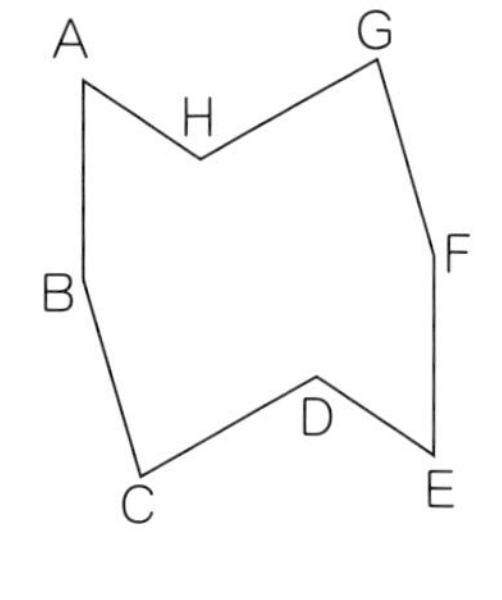

❶ 頂点(ちょうてん)Hに対応する頂点はどれですか。（　　　　）

❷ 辺DEに対応する辺はどれですか。（　　　　）

❸ 角Gに対応する角はどれですか。（　　　　）

❹ 図に対称の中心Oをかきましょう。

❺ 直線EOと等しい長さの直線はどれですか。（　　　　）

❻ 直線CHに対応する直線はどれですか。（　　　　）

❼ 直線BGに対応する直線はどれですか。（　　　　）

3 点Oを対称の中心として、点対称な図形をかきましょう。〔15点〕

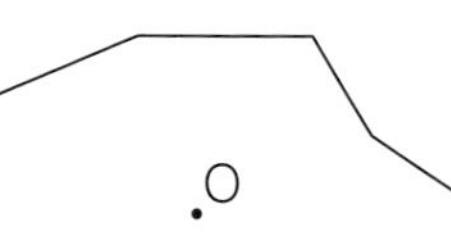

答えは65ページ

月　日

1 対称な形
正多角形と対称

／100点

1 右の図形のうち、線対称(せんたいしょう)で点対称でないものにはA、点対称で線対称でないものにはB、線対称でも点対称でもあるものにはC、線対称でも点対称でもないものにはDを書きましょう。 1つ6〔54点〕

㋐ A　㋑ X　㋒ Z
㋓ 8　㋔ 2　㋕ 1
㋖ 正三角形　㋗ 正五角形　㋘ 円

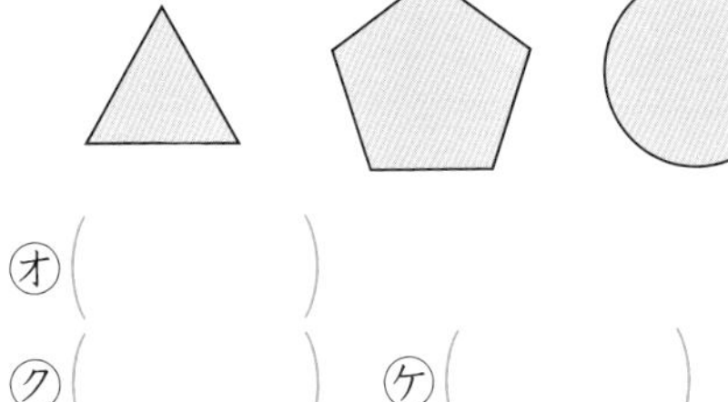

㋐（　　）　㋑（　　）
㋒（　　）　㋓（　　）　㋔（　　）
㋕（　　）　㋖（　　）　㋗（　　）　㋘（　　）

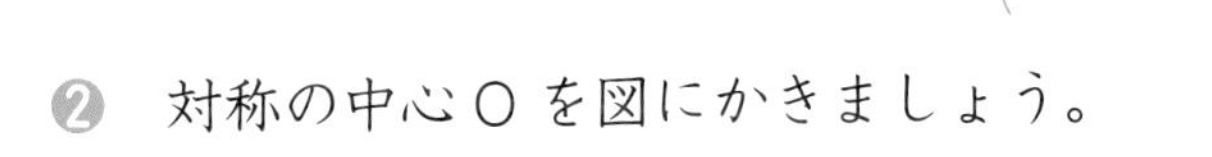

2 右の正六角形は線対称な図形であり、点対称な図形でもあります。 1つ8〔16点〕

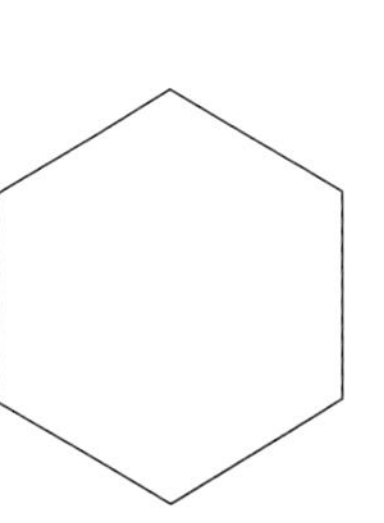

❶ 対称の軸(じく)は何本ありますか。（　　）

❷ 対称の中心Oを図にかきましょう。

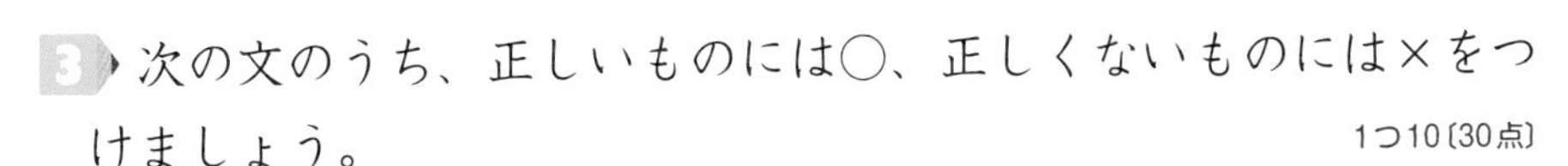

3 次の文のうち、正しいものには○、正しくないものには×をつけましょう。 1つ10〔30点〕

❶ 正八角形は、線対称な図形です。（　　）

❷ 正九角形は、点対称な図形です。（　　）

❸ 正十角形は、線対称でも点対称でもある図形です。（　　）

答えは
65ページ

月　日

10分

1 対称な形
正多角形と対称

／100点

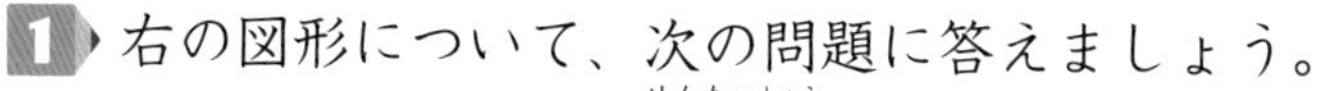

1 右の図形について、次の問題に答えましょう。　1つ10〔40点〕

❶ ㋐～㋕の中から、線対称(せんたいしょう)な図形を選んで答えましょう。

（　　　　　　）

❷ 線対称な図形に対称の軸(じく)をすべてかきましょう。

❸ ㋐～㋕の中から、点対称な図形を選んで答えましょう。

（　　　　　　）

❹ 点対称な図形に対称の中心をかきましょう。

㋐ 二等辺三角形　㋑ 台形

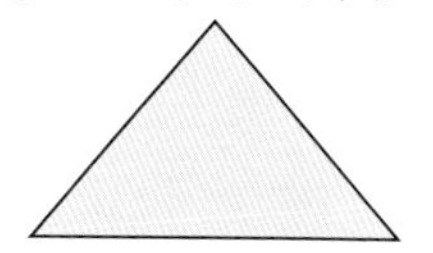

㋒ 平行四辺形　㋓ ひし形

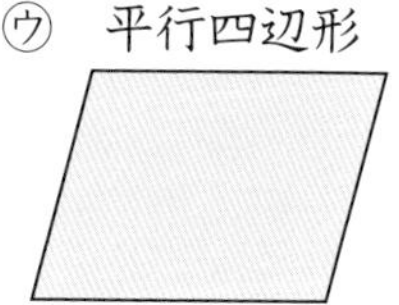

㋔ 長方形　㋕ 正方形

2 円について、次の問題に答えましょう。　1つ12〔60点〕

❶ 円は線対称な図形ですか。また、線対称のとき、対称の軸の数についてどんなことがいえますか。

（　　　　　　）（　　　　　　）

❷ 円は点対称な図形ですか。また、点対称のとき、対称の中心はどこにありますか。

（　　　　　　）（　　　　　　）

❸ 円を右のように半分に切りました。この半円は、線対称な図形ですか。また、点対称な図形ですか。

（　　　　　　）

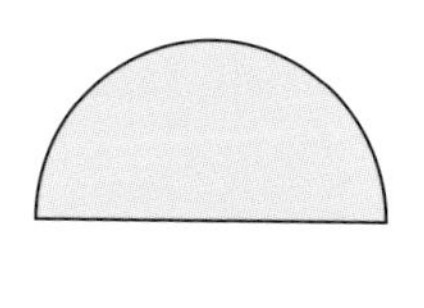

答えは65ページ

2 文字と式
文字を使った式

1 1本50円のえん筆を x 本買ったときの代金を y 円とします。　1つ10〔40点〕

❶ x と y の関係を式に表しましょう。

□ $=y$

❷ x が4のとき、y はいくつになりますか。

（　　　）

❸ x が15のとき、y はいくつになりますか。

（　　　）

❹ y が300のとき、x はいくつになりますか。

（　　　）

2 縦（たて）が15m、横が a m の長方形の面積を b m^2 とします。　1つ15〔60点〕

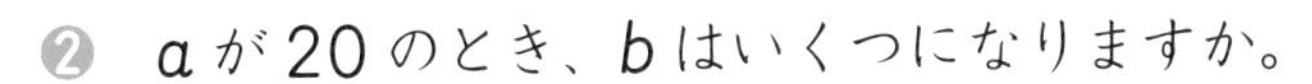

❶ a と b の関係を式に表しましょう。

□ $=b$

❷ a が20のとき、b はいくつになりますか。

（　　　）

❸ a が25のとき、b はいくつになりますか。

（　　　）

❹ b が600のとき、a はいくつになりますか。

（　　　）

答えは
66ページ

2 文字と式
文字を使った式

／100点

1 底辺が8cmの三角形があります。　1つ15〔30点〕

❶ 高さを$x$cm、面積を$y$cm²として、xとyの関係を式に表しましょう。

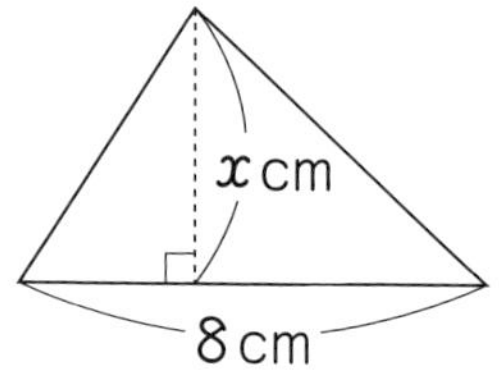

[　　　　]$=y$

❷ xが6のとき、yはいくつになりますか。

（　　　）

2 1000円札を1枚(まい)出して、1個60円のみかんをa個買ったときのおつりをb円とします。　1つ15〔30点〕

❶ aとbの関係を式に表しましょう。

（　　　）

❷ aが8のとき、bはいくつになりますか。

（　　　）

3 35本のえん筆を1人3本ずつx人に配り、残ったえん筆の本数をy本とします。　1つ20〔40点〕

❶ xとyの関係を式に表しましょう。

（　　　）

❷ xが8のとき、yはいくつになりますか。

（　　　）

答えは66ページ

月　日

3 分数のかけ算とわり算

分数のかけ算 ①

／100点

1 牛乳(ぎゅうにゅう)が１パックに$\frac{3}{4}$Lずつ入っています。８パックでは、何Lになりますか。

1つ10〔20点〕

【式】

答え（　　　　）

2 １本が$\frac{5}{8}$mのテープを40本つくります。テープは全部で何mいりますか。

1つ10〔20点〕

【式】

答え（　　　　）

3 縦(たて)が$\frac{4}{5}$m、横が２mの長方形の花だんがあります。この花だんの面積は何m^2ですか。

1つ15〔30点〕

【式】

答え（　　　　）

4 １mの重さが$\frac{5}{6}$kgの鉄の棒(ぼう)があります。この鉄の棒８mでは、重さは何kgになりますか。

1つ15〔30点〕

【式】

答え（　　　　）

答えは
66ページ

月　日

3 分数のかけ算とわり算
分数のかけ算 ①

／100点

1 1日に$\frac{2}{9}$km²の畑を耕す機械があります。15日耕すと、何km²の畑を耕すことになりますか。　1つ10〔20点〕

【式】

答え（　　　　）

2 さつきさんは1日に$\frac{13}{10}$dLの牛乳(ぎゅうにゅう)を飲みます。1週間では何dLの牛乳を飲むことになりますか。　1つ10〔20点〕

【式】

答え（　　　　）

3 くみさんは1日に$1\frac{3}{8}$kmずつジョギングをしています。これを2週間続けると、何km走ることになりますか。　1つ15〔30点〕

【式】

答え（　　　　）

4 400m²の畑に、1m²あたり$37\frac{1}{2}$gの肥料をまきます。肥料は全部で何kgいりますか。　1つ15〔30点〕

【式】

答え（　　　　）

答えは
66ページ

3 分数のかけ算とわり算

分数のかけ算 ②

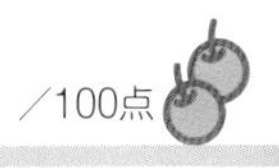

1 1mの重さが$\frac{5}{6}$kgの鉄の棒(ぼう)があります。
この鉄の棒$\frac{7}{9}$mの重さは何kgになりますか。

1つ10〔20点〕

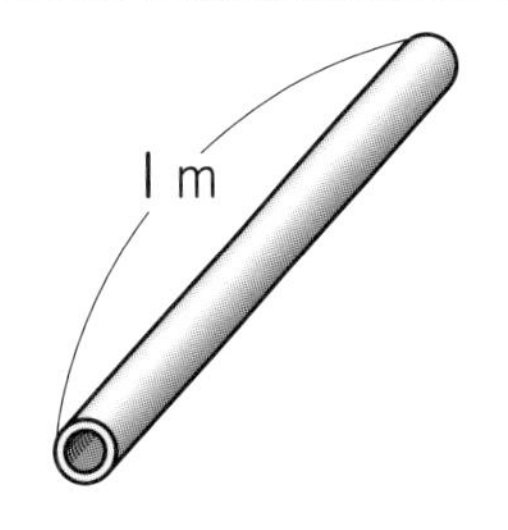

【式】

答え（　　　）

2 1mの値段(ねだん)が320円の布があります。この布を$\frac{3}{2}$m買うと、いくらになりますか。

1つ15〔30点〕

【式】

答え（　　　）

3 次の平行四辺形の面積を求めましょう。

1つ10〔20点〕

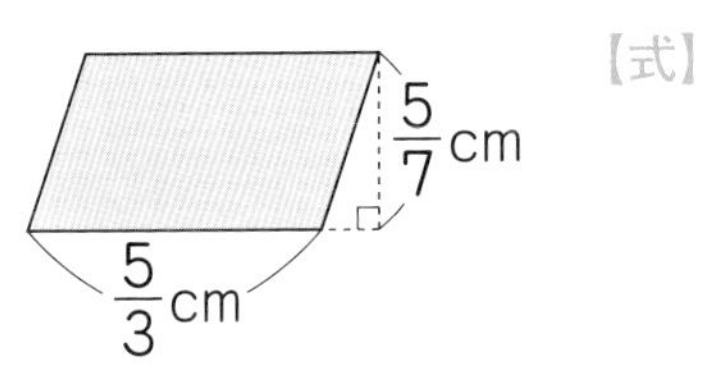

【式】

答え（　　　）

4 次の正方形の面積を求めましょう。

1つ15〔30点〕

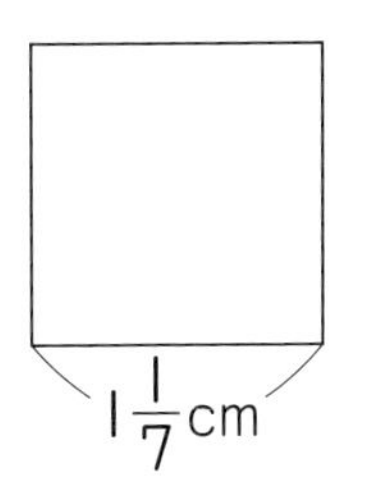

【式】

答え（　　　）

答えは66ページ

月　日

3 分数のかけ算とわり算
分数のかけ算 ②

1 1Lの重さが$\frac{8}{9}$kgの油があります。この油$\frac{15}{16}$Lの重さは何kgになりますか。　1つ10〔20点〕

【式】

答え（　　　）

2 1dLで$\frac{4}{15}$m²の板をぬれるペンキがあります。このペンキを2.5dL使うと、何m²の板がぬれますか。　1つ15〔30点〕

【式】

答え（　　　）

3 次の平行四辺形の面積を求めましょう。　1つ10〔20点〕

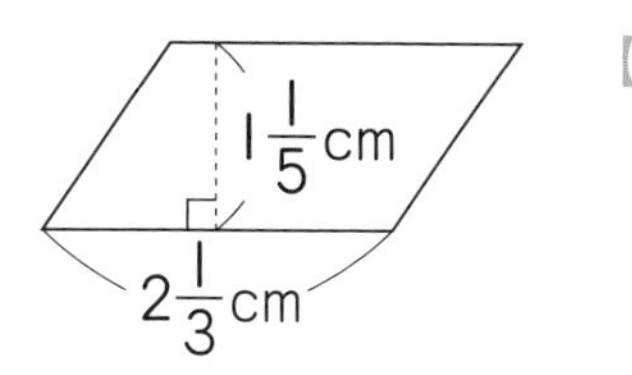

【式】

答え（　　　）

4 次の直方体の体積を求めましょう。　1つ15〔30点〕

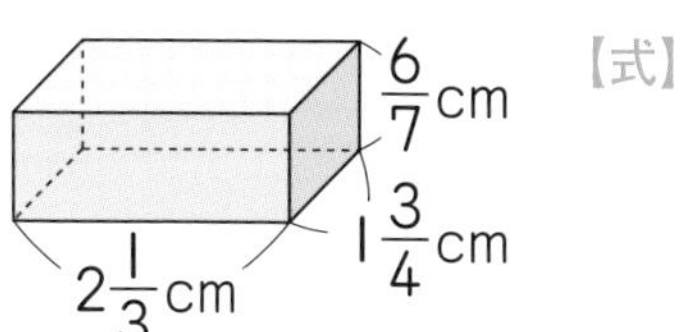

【式】

答え（　　　）

答えは66ページ

月　日

3 分数のかけ算とわり算
分数のわり算 ①

／100点

1 $\frac{5}{8}$kg のねん土を２人で等分します。１人分は何kg になりますか。

1つ10〔20点〕

【式】

答え（　　　　）

2 $\frac{9}{7}$L のジュースがあります。このジュースを３人で等分します。１人分は何L になりますか。

【式】

1つ10〔20点〕

答え（　　　　）

3 長さが $\frac{16}{3}$m のひもがあります。このひもを６等分すると、１本分は何m になりますか。

1つ15〔30点〕

【式】

答え（　　　　）

4 ももえさんは $\frac{32}{5}$kg の砂糖（さとう）を５つの入れ物に等分しました。１つの入れ物には何kg 入りましたか。

1つ15〔30点〕

【式】

答え（　　　　）

答えは
66ページ

3 分数のかけ算とわり算

分数のわり算 ①

／100点

1 $\frac{14}{3}$Lのジュースを21人で等分すると、1人分は何Lになりますか。　1つ10〔20点〕

【式】

答え（　　　）

2 縦（たて）の長さが8mで、面積が$6\frac{2}{3}m^2$の長方形の形をした花だんがあります。この花だんの横の長さは何mですか。　1つ10〔20点〕

【式】

答え（　　　）

3 $8\frac{3}{4}$Lずつ入った灯油のタンクが6個あります。　1つ15〔60点〕

❶ この灯油を7個のタンクに等分します。1個のタンクには何L入りますか。

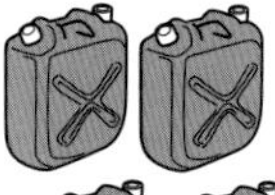

【式】

答え（　　　）

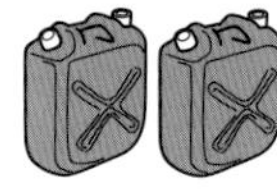

❷ この灯油を40本のびんに等分します。1本のびんには何L入りますか。

【式】

答え（　　　）

答えは
67ページ

月　　日

3 分数のかけ算とわり算
分数のわり算 ②

／100点

1 $\frac{2}{3}$Lのガソリンで$\frac{40}{3}$km走る自動車があります。この自動車が、1Lのガソリンで走る道のりは何kmになりますか。 1つ15〔30点〕

【式】

答え（　　　）

2 リボンを$\frac{4}{3}$m買いました。代金は380円でした。このリボン1mの値段(ねだん)はいくらですか。 1つ15〔30点〕

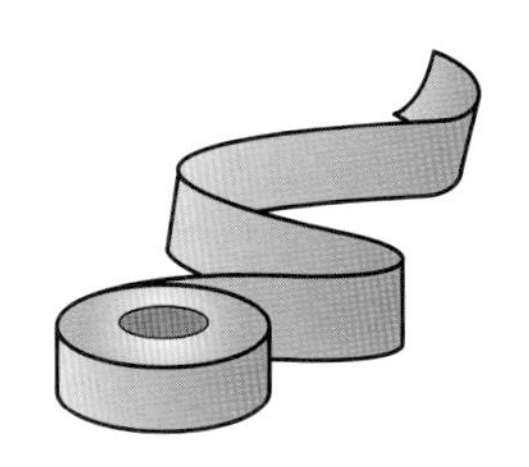

【式】

答え（　　　）

3 長さが$1\frac{1}{5}$m、重さが$\frac{24}{25}$kgの銅の棒(ぼう)と、長さが$1\frac{2}{3}$m、重さが$1\frac{4}{15}$kgの鉄の棒があります。 1つ10〔40点〕

❶ 銅の棒1mの重さは何kgですか。

【式】

答え（　　　）

❷ 鉄の棒1mの重さは何kgですか。

【式】

答え（　　　）

答えは
67ページ

月　日

3 分数のかけ算とわり算

分数のわり算 ②

／100点

1 花だんの $\frac{5}{6}$ m² に $\frac{10}{9}$ L の水をまきました。1 m² では、何Lの水を使うことになりますか。　1つ10〔20点〕

【式】

答え（　　　）

2 16 dL のミルクを1人 $\frac{4}{7}$ dL ずつ分けようと思います。何人に分けられますか。　1つ10〔20点〕

【式】

答え（　　　）

3 毎秒 $\frac{1}{10}$ L の水が出る管を開いて、$2\frac{1}{2}$ L 入るやかんに水を入れます。このやかんをいっぱいにするには、何秒かかりますか。　1つ15〔30点〕

【式】

答え（　　　）

4 0.8 dL で $\frac{16}{15}$ m² の板をぬれるペンキがあります。このペンキ 1 dL で何 m² の板がぬれますか。　1つ15〔30点〕

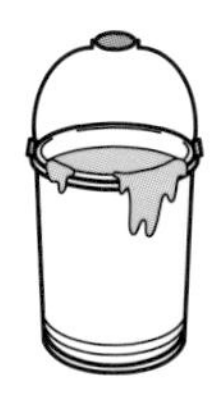

【式】

答え（　　　）

答えは67ページ

月　日

4 割合・速さと分数
割合と分数 ①

1 ゆりかさんのクラスには 36 人の児童がいます。そのうち、理科部に入っている人は 6 人です。理科部に入っている人の割合（わりあい）を分数で表しましょう。

36人
6人
理科部

【式】　1つ10〔20点〕

答え（　　　）

2 そうたさんは 104 ページある本のうち、48 ページまで読みました。読んだページの割合を分数で表しましょう。　1つ10〔20点〕

【式】

答え（　　　）

3 しょうこさんの家の花だんは 12 m² あります。そのうちの $\frac{2}{3}$ に種をまきました。種をまいた花だんの広さは何 m² ですか。

【式】　1つ15〔30点〕

答え（　　　）

4 165 g の砂糖（さとう）水があります。この砂糖水の中に砂糖は $\frac{1}{30}$ だけふくまれています。砂糖水に入っている砂糖は何 g ですか。　1つ15〔30点〕

【式】

答え（　　　）

答えは 67ページ

月　日

4 割合・速さと分数

割合と分数 ①

／100点

1 こうたさんは畑の草とりをしています。$42m^2$ある畑のうち、$12m^2$の草とりをしました。草とりをした畑の割合(わりあい)を分数で表しましょう。　1つ10〔20点〕

【式】

答え（　　　）

2 みかさんの家から学校までの道のりは900mです。みかさんは、そのうち250mを歩きました。歩いた道のりの割合を分数で表しましょう。　1つ10〔20点〕

【式】

答え（　　　）

3 えりかさんはリボンを360cm買い、そのうちの$\frac{2}{9}$をプレゼントに使いました。使ったリボンは何cmですか。　1つ15〔30点〕

【式】

答え（　　　）

4 りょうこさんは$4\frac{2}{3}$kgあるすいかのうち、$\frac{1}{7}$だけ食べました。食べたすいかは何kgですか。　1つ15〔30点〕

【式】

答え（　　　）

答えは67ページ

月　日

4 割合・速さと分数
割合と分数 ②

／100点

1 けいたさんの学校では昨日 10 人の児童が休みました。これは児童数全体の $\frac{1}{24}$ にあたります。けいたさんの学校の児童数は全体で何人ですか。

1つ10〔20点〕

【式】

答え（　　　　）

2 りなさんは運動ぐつを買いにいきました。定価の $\frac{3}{20}$ だけ安くしてくれました。安くしてくれた金額は 390 円です。この運動ぐつの定価はいくらですか。

1つ10〔20点〕

【式】

答え（　　　　）

3 こうきさんは家から駅まで行くのに、今までに 800m 歩きました。これは家から駅までの道のりの $\frac{2}{3}$ にあたります。家から駅までの道のりは何 m ですか。

1つ15〔30点〕

【式】

答え（　　　　）

4 ある魚屋では、仕入れ値(ね)の $\frac{1}{5}$ の利益が出るように定価をつけています。ある魚の利益は 45 円でした。この魚の仕入れ値はいくらですか。

1つ15〔30点〕

【式】

答え（　　　　）

答えは
67ページ

かくにん 10

月　日

4 割合・速さと分数
割合と分数 ②

／100点

1 ゆうやさんは水そうに水を入れています。今までに 10L 入れました。これは水そうに入る水の量の $\frac{5}{12}$ にあたります。この水そうに入る水の量は何Lですか。　1つ10〔20点〕

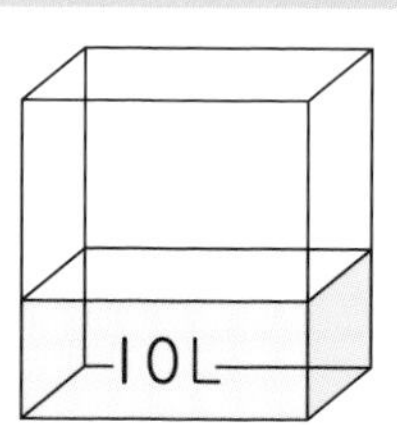

【式】

答え（　　　　）

2 さくらさんはハンカチを買いに行きました。定価の $\frac{4}{25}$ が割(わり)引(び)きになっていました。割引きの金額は 80 円です。ハンカチの定価はいくらですか。　1つ10〔20点〕

【式】

答え（　　　　）

3 出発点から $\frac{3}{4}$km 走りました。走った道のりは全コースの $\frac{3}{8}$ にあたります。このコースはあと何km 残っていますか。　1つ15〔30点〕

【式】

答え（　　　　）

4 いちろうさんは持っているお金の $\frac{3}{8}$ を使ってプレゼントを買いました。残りのお金は 1500 円になりました。いちろうさんが持っていたお金はいくらですか。　1つ15〔30点〕

【式】

答え（　　　　）

答えは 67ページ

月　日

4 割合・速さと分数
速さと分数

／100点

1 3時間で100kmを走る自動車の時速はどれだけですか。

【式】　1つ10〔20点〕

答え（　　　）

2 秒速$\frac{13}{4}$mで走る自転車があります。24秒間で何m走りますか。

1つ10〔20点〕

【式】

答え（　　　）

3 あやのさんは、$\frac{585}{4}$mの道のりを分速$\frac{117}{2}$mで歩きました。あやのさんは、何分歩きましたか。

1つ15〔30点〕

【式】

答え（　　　）

4 A市からB市まで35kmあります。車で$\frac{7}{6}$時間で行くには、時速何kmで走ればよいですか。

1つ15〔30点〕

【式】

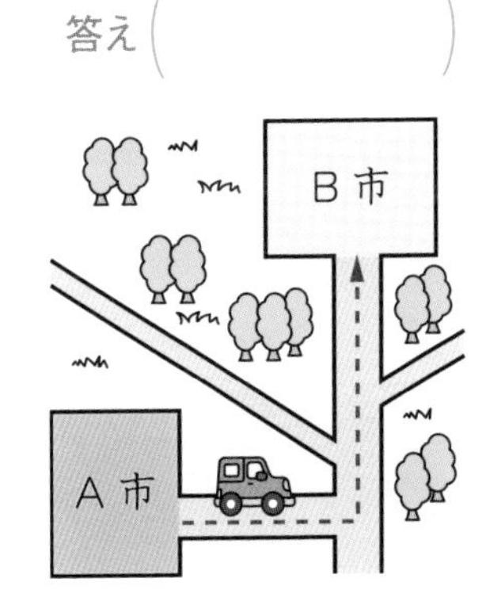

答え（　　　）

答えは67ページ

月　日

4 割合・速さと分数
速さと分数

／100点

1 85km を 1 時間 20 分で走る列車があります。この列車の時速はどれだけですか。　1つ10〔20点〕

【式】

答え（　　　　）

2 バスが時速 $\frac{100}{3}$km で走っています。25km の道のりを進むのに何時間かかりますか。

【式】　1つ10〔20点〕

答え（　　　　）

3 しおりさんは、時速 $\frac{18}{5}$km で、$\frac{5}{4}$時間かけて家から駅まで歩きました。家から駅までの道のりは何km ですか。　1つ15〔30点〕

【式】

答え（　　　　）

4 時速 $\frac{9}{2}$km で歩くと、5.4km の道のりを歩くのに何時間何分かかりますか。　1つ15〔30点〕

【式】

答え（　　　　）

答えは
67ページ

月　日

5 円の面積
円の面積、いろいろな図形の面積

／100点

〈円周率は、3.14 とします。〉

1 半径が 4 m の円の形をした花だんがあります。この花だんの面積は何 m^2 ですか。　1つ10〔20点〕

【式】

答え（　　　）

2 右の図のような半円の形をした池があります。この池の面積は何 m^2 ですか。　1つ10〔20点〕

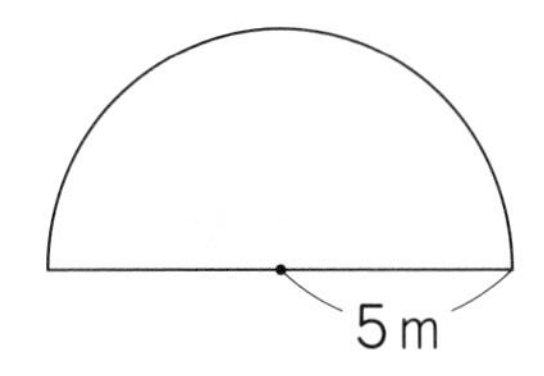

【式】

答え（　　　）

3 右の図のような形をした土地があります。　1つ10〔30点〕

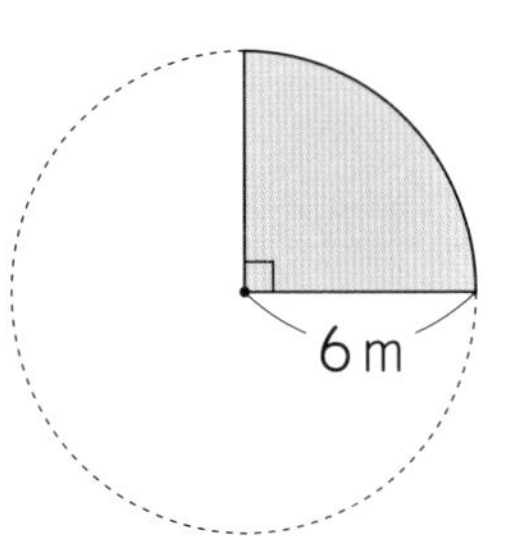

❶ この土地の形は、円の何分の一ですか。

（　　　）

❷ この土地の面積は何 m^2 ですか。

【式】

答え（　　　）

4 右の図のような形をした花だんがあります。　1つ10〔30点〕

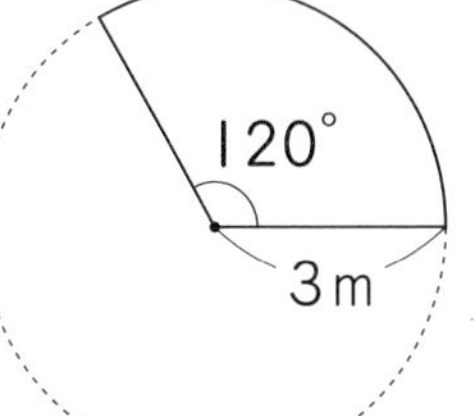

❶ この花だんの形は、円の何分の一ですか。

（　　　）

❷ この花だんの面積は何 m^2 ですか。

【式】

答え（　　　）

答えは 68ページ

月　日

5 円の面積
円の面積、いろいろな図形の面積

／100点

1 右の図のようなグラウンドがあります。このグラウンドの面積は何m^2ですか。

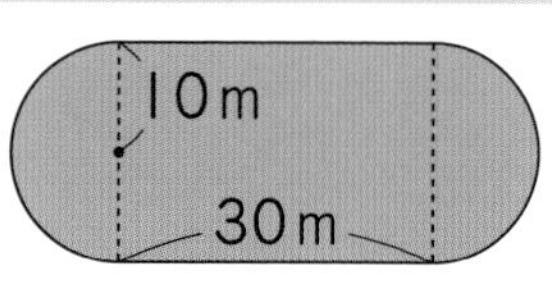

【式】　1つ10〔20点〕

答え（　　　）

2 右の図のような形をした土地があります。この土地の面積は何m^2ですか。　1つ10〔20点〕

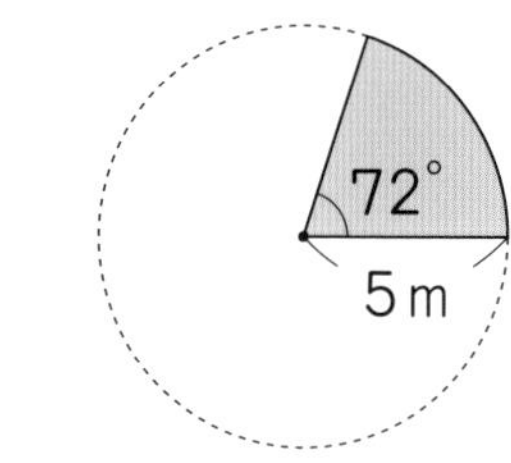

【式】

答え（　　　）

3 右の図のような形をした土地があります。この土地の面積は何m^2ですか。　1つ10〔20点〕

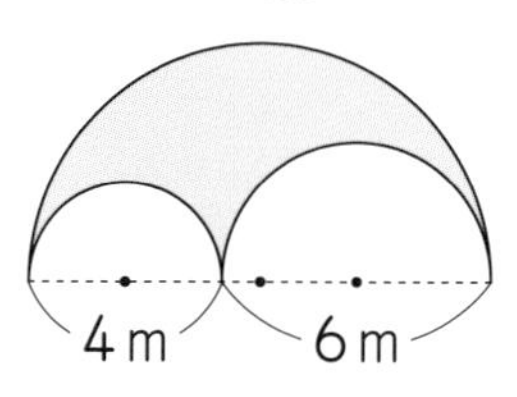

【式】

答え（　　　）

4 右の図のように、牛が9mのロープでつながれています。この牛が、正三角形のさくの外で草を食べます。　1つ10〔40点〕

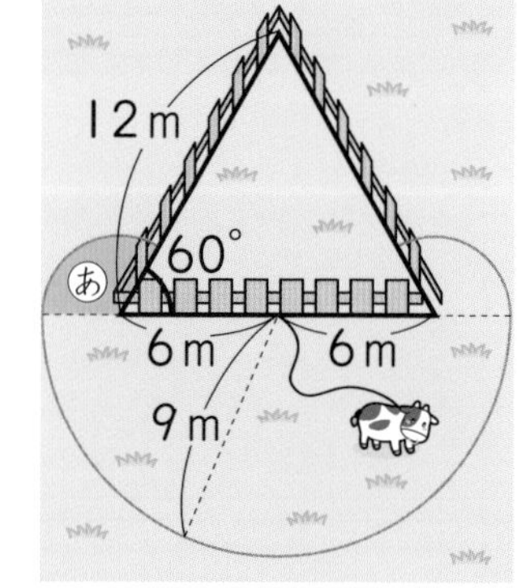

❶ ㋐の部分の図形は円の一部です。この部分の面積は何m^2ですか。

【式】

答え（　　　）

❷ この牛が草を食べられるはんいの面積は何m^2ですか。

【式】

答え（　　　）

答えは68ページ

きほん 13

月　日

6 角柱と円柱の体積
角柱と円柱の体積

1 右の図のような直方体の箱があります。 1つ5〔20点〕

12cm
6cm
8cm
ア

❶ ㋐の面積は何cm^2ですか。

【式】

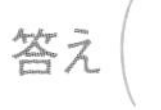

答え（　　　）

❷ この立体の体積は何cm^3ですか。

【式】

答え（　　　）

2 右の図のような容器があります。この容器に水を$54cm^3$入れると、水の深さは何cmになりますか。 1つ10〔20点〕

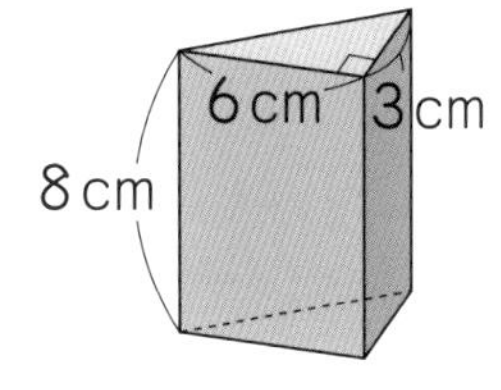

【式】

答え（　　　）

3 右の図のような容器に水が容器の半分の高さまで入っています。 1つ10〔60点〕

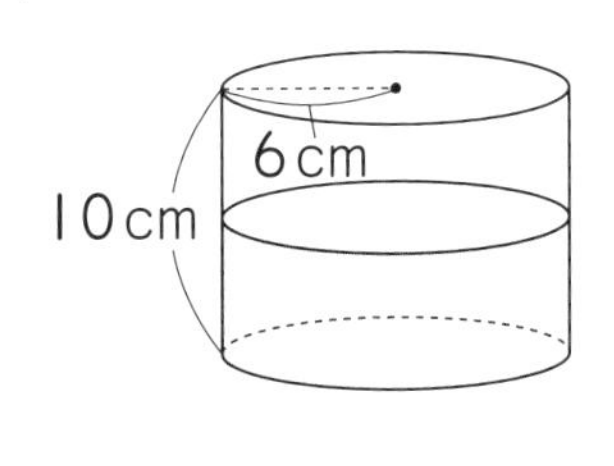

❶ この容器の底面積は何cm^2ですか。

【式】

答え（　　　）

❷ この容器に入っている水の体積は何cm^3ですか。

【式】

答え（　　　）

❸ この容器に入っている水の深さを8cmにするには、あと何cm^3水を入れればよいですか。

【式】

答え（　　　）

答えは68ページ

月　日

6 角柱と円柱の体積

角柱と円柱の体積

／100点

1 右の図のような四角柱の容器に水を400 mL入れたところ、水があふれました。あふれた水の体積は何cm^3ですか。 1つ15〔30点〕

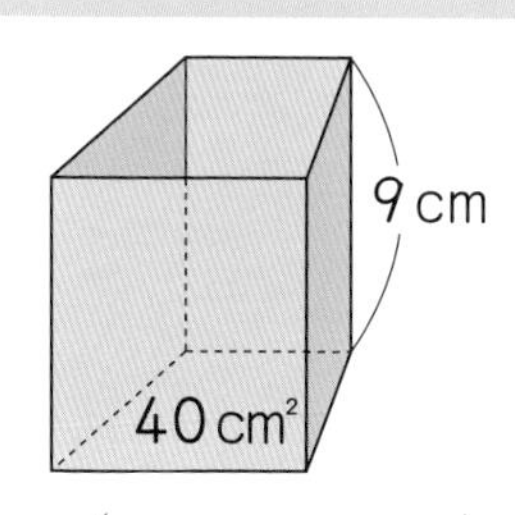

【式】

答え（　　　　）

2 右の図のような容器に高さ4.2cmのところまで水が入っています。この容器には、あと何mLの水が入りますか。 1つ15〔30点〕

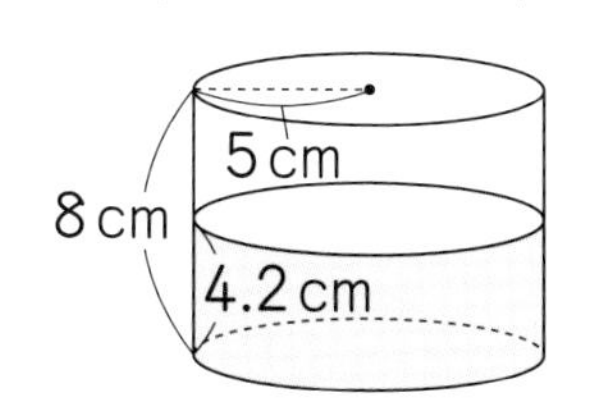

【式】

答え（　　　　）

3 次の展開図（てんかいず）を組み立ててできる立体の体積を求めましょう。 1つ10〔40点〕

❶

8cm　6cm
10cm
15cm

【式】

答え（　　　　）

❷

3cm
10cm

【式】

答え（　　　　）

答えは68ページ

月　日

6 角柱と円柱の体積

いろいろな角柱や円柱の体積

／100点

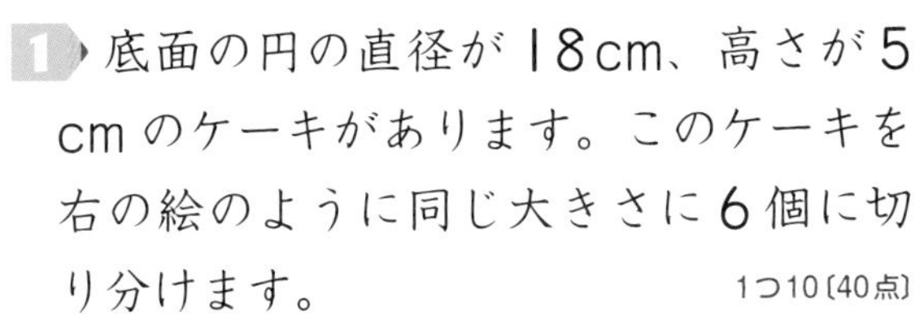

1 底面の円の直径が 18cm、高さが 5cm のケーキがあります。このケーキを右の絵のように同じ大きさに 6 個に切り分けます。　1つ10〔40点〕

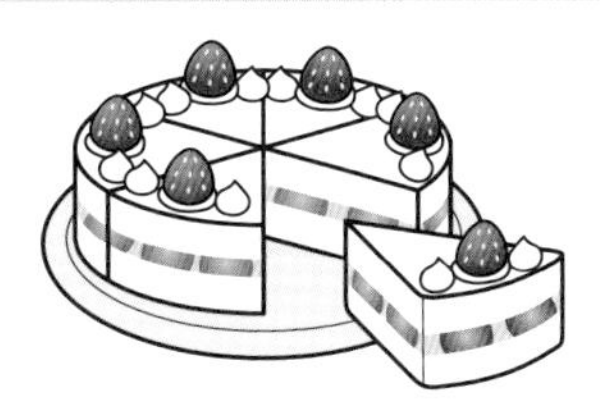

❶ 切り分けたケーキ 1 個の底面積は何 cm^2 ですか。

【式】

答え（　　　　）

❷ 切り分けたケーキ 1 個の体積は何 cm^3 ですか。

【式】

答え（　　　　）

2 右の図のような容器に水を入れます。1 分間で水を 13mL 入れることのできる管を使うと、この容器を水でいっぱいにするのに何分かかりますか。　1つ10〔20点〕

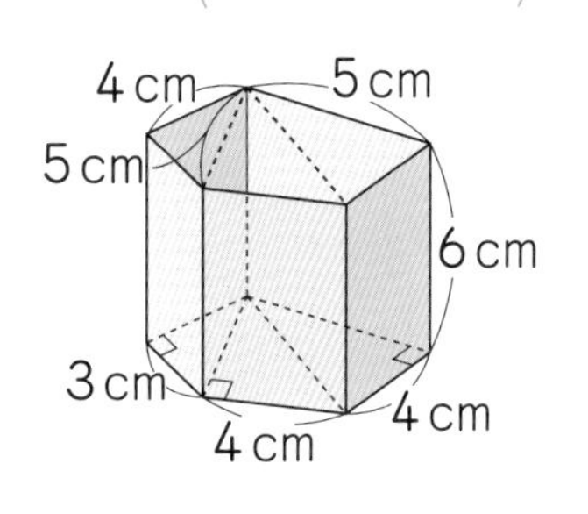

【式】

答え（　　　　）

3 右の図のような容器に、1 ぱいが 150mL のコップを使って水を入れます。　1つ10〔40点〕

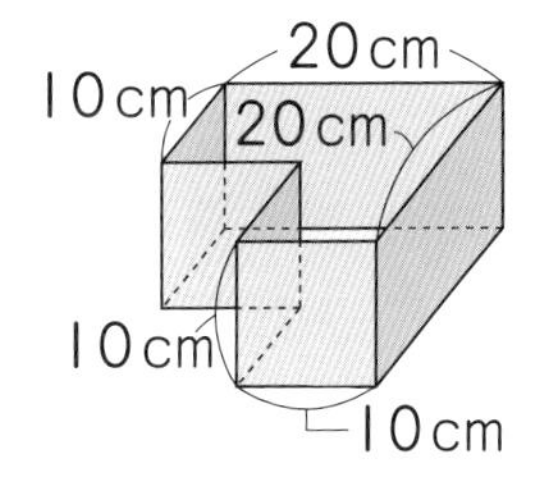

❶ この容器の容積は何 cm^3 ですか。

【式】

答え（　　　　）

❷ この容器を水でいっぱいにするのに、コップの水は何ばい必要ですか。

【式】

答え（　　　　）

答えは
68ページ

月　日

6 角柱と円柱の体積
いろいろな角柱や円柱の体積

／100点

1 右の図のような容器いっぱいに水が入っています。　1つ10〔40点〕

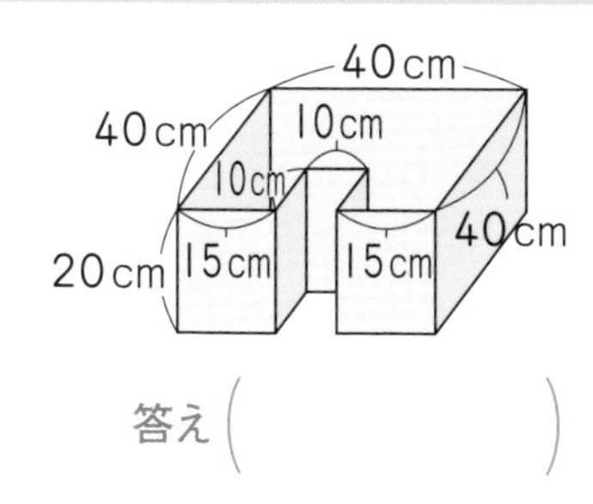

❶ この容器に入っている水の体積は何cm^3ですか。

【式】

答え（　　　　）

❷ この水を、底面積が2000cm^2の円柱の容器にうつしかえます。水の深さは何cmになりますか。

【式】

答え（　　　　）

2 右の図のような形をしたおべんとう箱があります。　1つ10〔40点〕

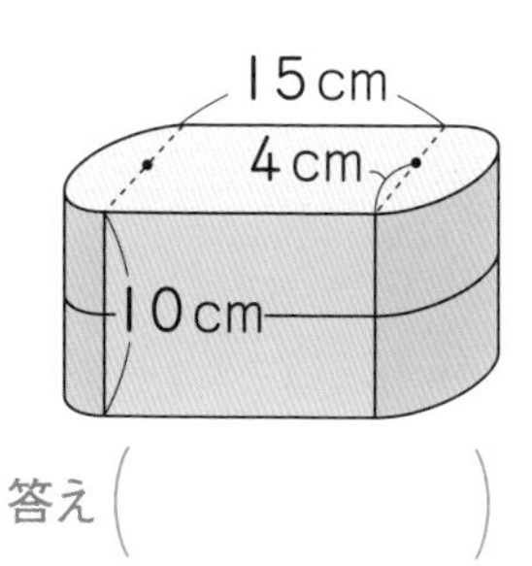

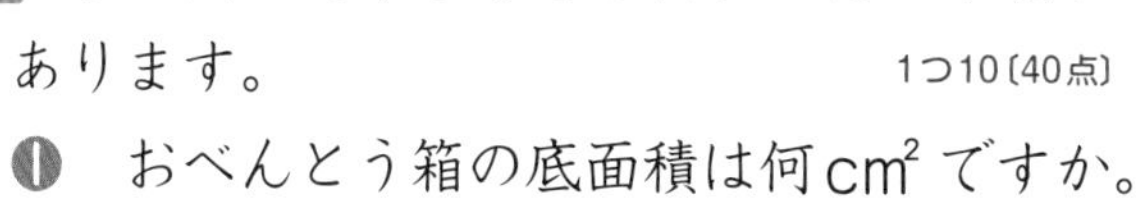

❶ おべんとう箱の底面積は何cm^2ですか。

【式】

答え（　　　　）

❷ おべんとう箱の容積は何cm^3ですか。

【式】

答え（　　　　）

3 右の図のように、立方体の容器に円柱を入れます。立方体と円柱のすきまに入る水の体積は何cm^3ですか。　1つ10〔20点〕

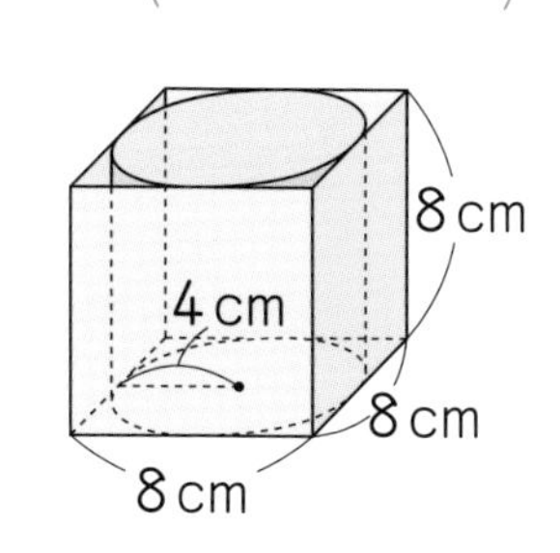

【式】

答え（　　　　）

答えは68ページ

7 データの整理と活用
データの整理と活用

／100点

1 右の表は、A班（はん）とB班の算数のテストの結果です。 1つ10〔60点〕

A班		B班	
番号	点数	番号	点数
①	81	①	67
②	53	②	84
③	75	③	52
④	90	④	36
⑤	53	⑤	74
⑥	66	⑥	52
⑦	58	⑦	83

❶ A班とB班の平均値（へいきんち）は、それぞれ何点ですか。

A班（　　　　）　B班（　　　　）

❷ A班とB班の最頻値（さいひんち）は、それぞれ何点ですか。

A班（　　　　）　B班（　　　　）

❸ A班とB班の中央値は、それぞれ何点ですか。

A班（　　　　）　B班（　　　　）

2 下の表は、ひろみさんのクラスのあるグループについて、片道の通学時間を調べたものです。 1つ20〔40点〕

番号	①	②	③	④	⑤	⑥	⑦	⑧	⑨	⑩	⑪	⑫
通学時間(分)	11	14	5	18	9	13	8	6	12	16	4	23

❶ 右の表を完成させましょう。

❷ ヒストグラムに表しましょう。

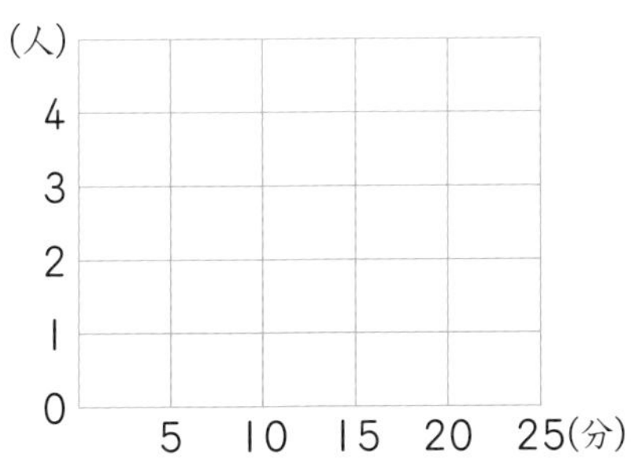

時間(分)	人数(人)
0以上～ 5未満	
5 ～10	
10 ～15	
15 ～20	
20 ～25	

答えは 68ページ

月　日

7 データの整理と活用
データの整理と活用

1 下の表は、5年生と6年生のあるグループの身長を表したものです。　1つ10〔100点〕

5年生

番　号	①	②	③	④	⑤	⑥	⑦	⑧	⑨	⑩
身長(cm)	145	152	142	154	158	144	151	162	158	149

6年生

番　号	①	②	③	④	⑤	⑥	⑦	⑧	⑨	⑩
身長(cm)	155	164	159	169	156	150	164	149	161	154

❶ 下の表を完成させ、ヒストグラムに表しましょう。

身長(cm)	5年生(人)	6年生(人)
140以上～145未満		
145　～150		
150　～155		
155　～160		
160　～165		
165　～170		

(人)　5年生

5 4 3 2 1 0

140 145 150 155 160 165 170(cm)

(人)　6年生

5 4 3 2 1 0

140 145 150 155 160 165 170(cm)

❷ それぞれのグループについて、身長の平均値(へいきんち)は何cmですか。

5年生(　　　　)　6年生(　　　　)

❸ それぞれのグループについて、身長の最頻値(さいひんち)は何cmですか。

5年生(　　　　)　6年生(　　　　)

❹ それぞれのグループについて、身長の中央値は何cmですか。

5年生(　　　　)　6年生(　　　　)

❺ 160cm以上の人は、6年生で全体の何%ですか。

(　　　　)

答えは69ページ

月　日

8 比
比の表し方、比の一方の値

／100点

1 みほさんはおこづかいを毎月 2500 円ずつ、弟は毎月 1500 円ずつもらいます。みほさんと弟のおこづかいの割合(わりあい)を簡単(かんたん)な比で表しましょう。

1つ10〔20点〕

【式】

答え（　　　）

2 ちひろさんの家から学校までの道のりは 1.4km、駅までは 800m です。学校までと駅までの道のりの割合を簡単な比で表しましょう。

1つ10〔20点〕

○△駅
1.4km
800m

【式】

答え（　　　）

3 姉と妹で、リボンを 8:7 の長さになるように分けました。姉のリボンは 56cm です。妹のリボンは何cm ですか。

1つ15〔30点〕

【式】

答え（　　　）

4 縦(たて)と横の長さの比が 3:5 になるような長方形の花だんをつくります。横の長さを 2m にするには、縦の長さは何m にすればよいですか。

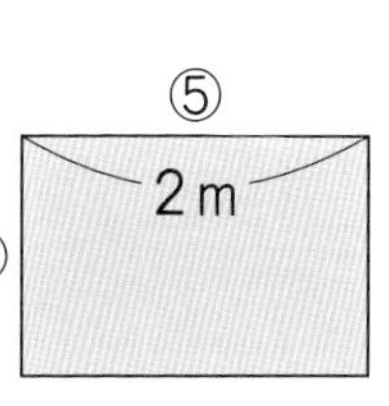

【式】

1つ15〔30点〕

答え（　　　）

答えは 69ページ

かくにん 16

月　日

10分

8 比
比の表し方、比の一方の値

／100点

1 赤いリボンが $\frac{9}{10}$m、青いリボンが 1.5m あります。赤いリボンと青いリボンの長さの割合(わりあい)を簡単(かんたん)な比で表しましょう。　1つ15〔30点〕

【式】

答え（　　　　）

2 縦(たて)と横の長さの比が 5:6 になるような長方形の畑があります。縦の長さが 12m のとき、横の長さは何mになりますか。　1つ15〔30点〕

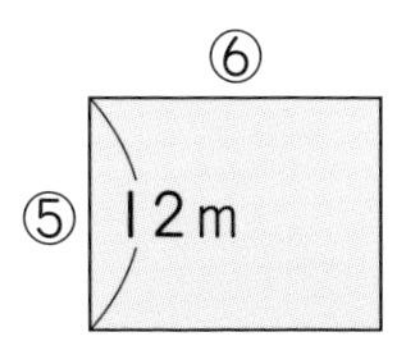

【式】

答え（　　　　）

3 次の場合のAとBの割合を簡単な比で表しましょう。　1つ20〔40点〕

❶ AはBの $\frac{2}{5}$ である。

A
B

（　　　　）

❷ Aの80%がBである。

A
B

（　　　　）

答えは 69ページ

月　日

8 比
比の利用

／100点

1 2000円を兄、弟の2人で分け、兄が1200円もらいました。兄と弟の金額の割合(わりあい)を簡単(かんたん)な比で表しましょう。　1つ10〔20点〕

【式】

答え（　　　）

2 昼の長さが14時間の日があります。この日の昼と夜の長さの割合を簡単な比で表しましょう。

【式】　1つ10〔20点〕

答え（　　　）

3 ミルクとコーヒーの量の比を2:3にして、600mLのミルクコーヒーをつくります。ミルクは何mL必要ですか。　1つ15〔30点〕

【式】

答え（　　　）

4 長さ84cmの針金(はりがね)を折り曲げて、縦(たて)と横の長さの比が3:4となる長方形をつくります。横の長さは何cmになりますか。　1つ15〔30点〕

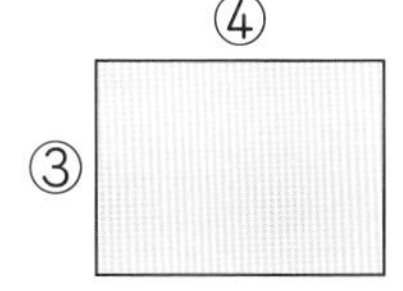

【式】

答え（　　　）

答えは69ページ

月　日

8 比
比の利用

／100点

1 ある会社のしき地の面積は 12600m^2 で、そのうち建物の面積は 900m^2 です。建物と建物以外のしき地の面積の割合（わりあい）を簡単（かんたん）な比で表しましょう。　1つ10〔20点〕

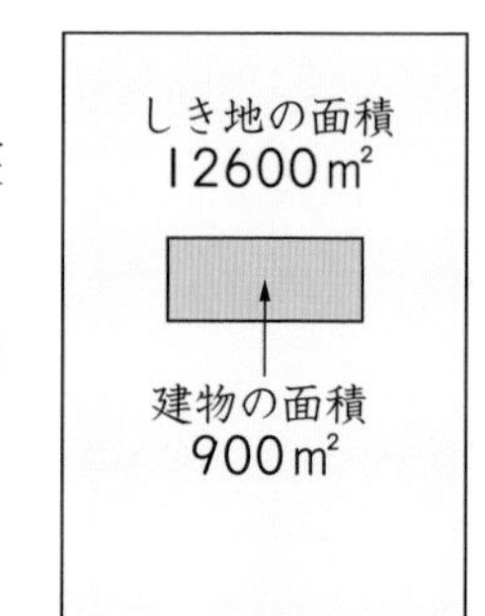

【式】

答え（　　　　）

2 あきらさんは、家で3時間勉強します。国語と算数の時間の比を3:2にすると、算数を勉強する時間は何分ですか。　1つ10〔20点〕

【式】

答え（　　　　）

3 2mのリボンを長さの比が3:5になるように分けました。短いほうのリボンの長さは何cmですか。　1つ15〔30点〕

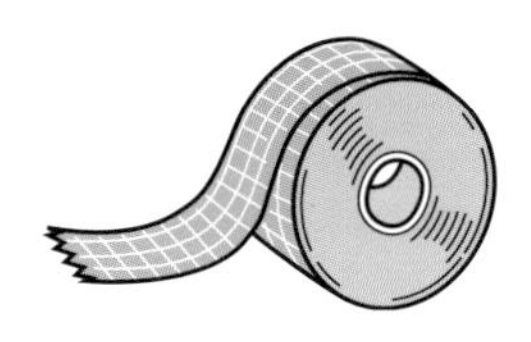

【式】

答え（　　　　）

4 長さ96cmのひもを使って、3つの辺の長さの比が3:4:5になる直角三角形をつくります。いちばん短い辺の長さは何cmになりますか。

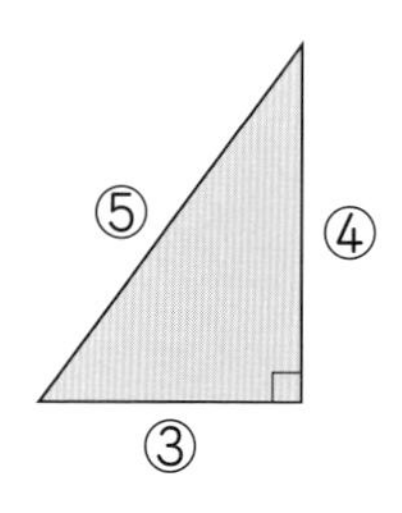

【式】　1つ15〔30点〕

答え（　　　　）

答えは69ページ

月　日

9 拡大図と縮図
拡大図と縮図

／100点

1 次の図を見て、下の問題に答えましょう。　1つ10〔40点〕

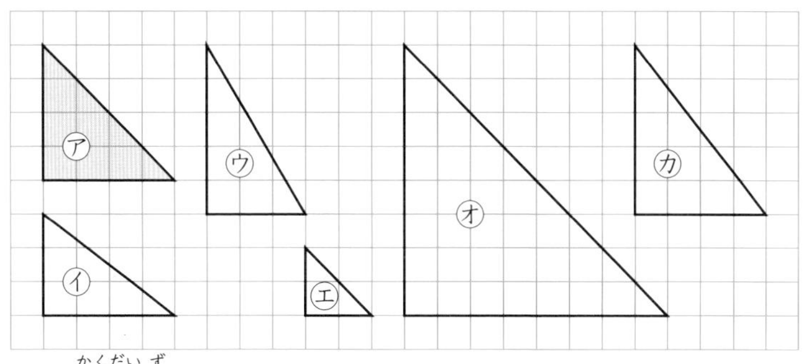

❶ ㋐の拡大図(かくだいず)はどれですか。また、何倍の拡大図ですか。

(　　　　　)(　　　　　)

❷ ㋐の縮図(しゅくず)はどれですか。また、何分の一の縮図ですか。

(　　　　　)(　　　　　)

2 右の図で、三角形ADEは、三角形ABCの拡大図です。　1つ15〔60点〕

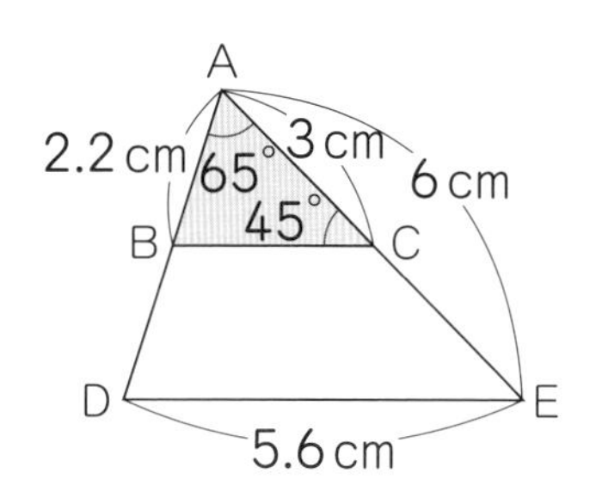

❶ 辺ADの長さは何cmですか。

(　　　　　)

❷ 辺BCの長さは何cmですか。

(　　　　　)

❸ 角Eの大きさは何度ですか。

(　　　　　)

❹ 角Dの大きさは何度ですか。

(　　　　　)

答えは
69ページ

月　日

9 拡大図と縮図

拡大図と縮図

1 次の三角形ABCの2倍の拡大図と$\frac{1}{2}$の縮図をかきましょう。

1つ20〔40点〕

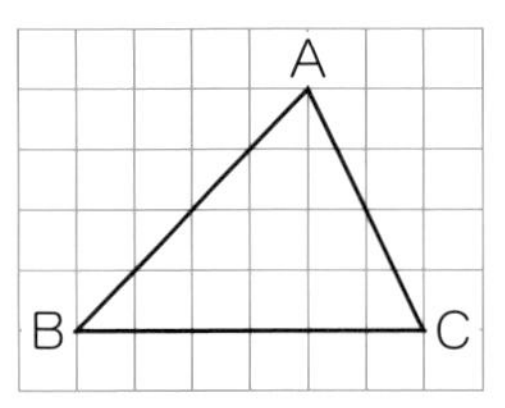

2倍の拡大図

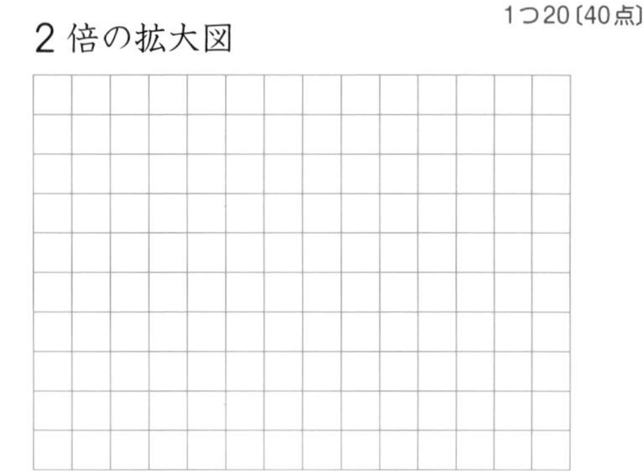

$\frac{1}{2}$の縮図

2 次の三角形ABCの$\frac{1}{2}$の縮図をかきましょう。〔15点〕

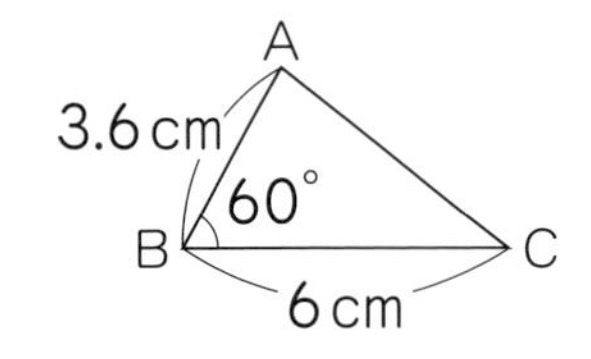

3 右の図で、三角形DEFは、三角形ABCの拡大図です。1つ15〔45点〕

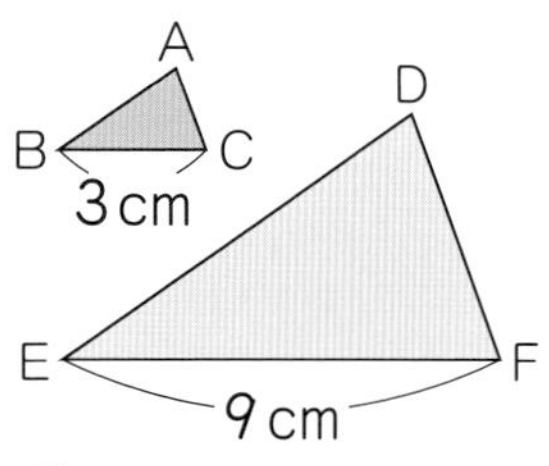

❶ 三角形DEFは三角形ABCの何倍の拡大図ですか。（　　　）

❷ 辺ACの長さが2cmのとき、辺DFの長さは何cmですか。（　　　）

❸ 辺ABの長さが3cmで、角Bの大きさが36°のとき、角Fの大きさは何度ですか。（　　　）

答えは69ページ

月　日

9 拡大図と縮図
縮図の利用

1 右の四角形ABCDについて、点Bを中心にして、2倍の拡大図(かくだいず)と$\frac{1}{2}$の縮図(しゅくず)をかきましょう。

1つ10〔20点〕

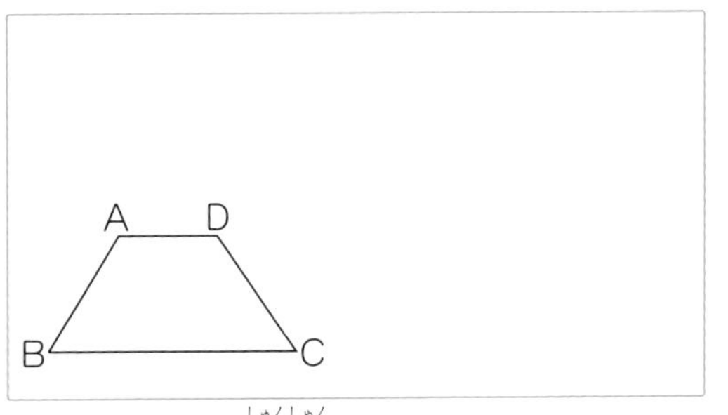

2 8kmを2cmに縮(ちぢ)めてかいた地図の縮尺(しゅくしゃく)を、分数の形と比の形で表しましょう。

1つ10〔20点〕

分数（　　　　）　比（　　　　）

3 右の三角形は、$\frac{1}{150}$の縮図です。辺BCの実際の長さは3mです。

1つ15〔30点〕

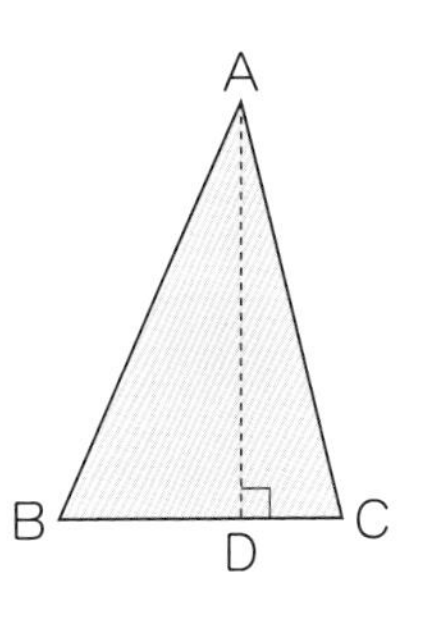

❶ 縮図で、三角形ABCの高さADは2.8cmです。実際の高さは何mですか。

（　　　　）

❷ ❶の高さを使って、三角形の実際の面積を求めましょう。

（　　　　）

4 右の図のビルの高さACは、実際には約何mありますか。$\frac{1}{600}$の縮図をかいて求めましょう。

〔30点〕

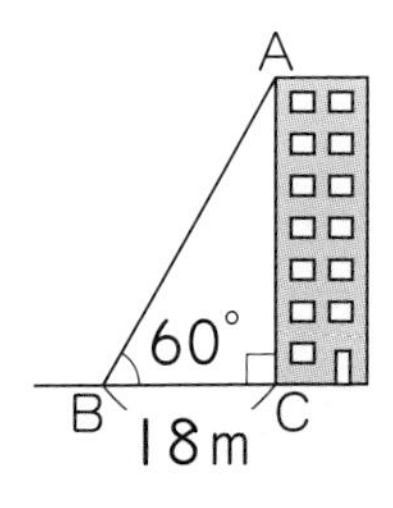

（　　　　）

答えは
69ページ

月　日

9 拡大図と縮図
縮図の利用

／100点

1 右の図のように表された縮尺（しゅくしゃく）があります。この縮尺を分数の形と比の形で表しましょう。　1つ15〔30点〕

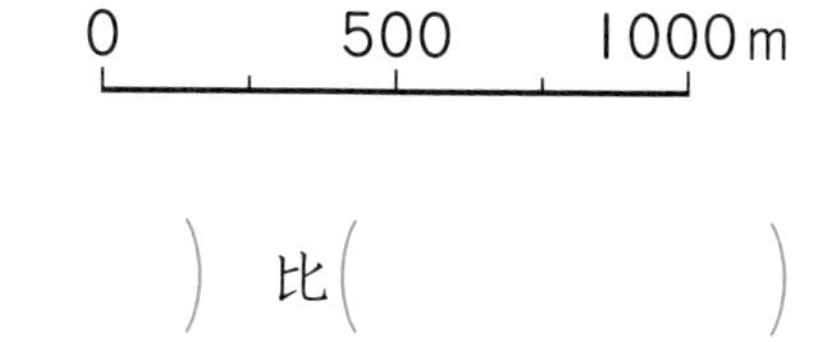

分数（　　　　　）　比（　　　　　）

2 次の三角形ABCの $\frac{1}{2}$ の縮図をかきましょう。　〔20点〕

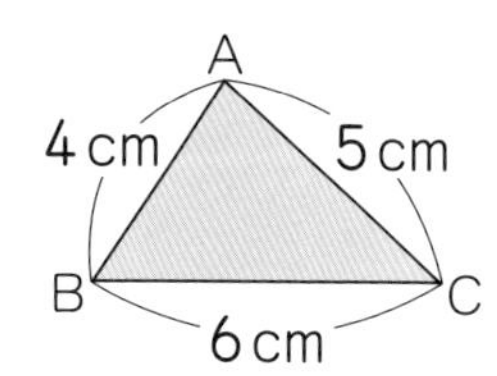

3 5万分の1の地図上で、1辺が6cmの正方形の畑の面積は実際には何km^2ありますか。　〔20点〕

（　　　　　）

4 右の図は台形の土地を縮尺1:1000でかいたものです。　1つ15〔30点〕

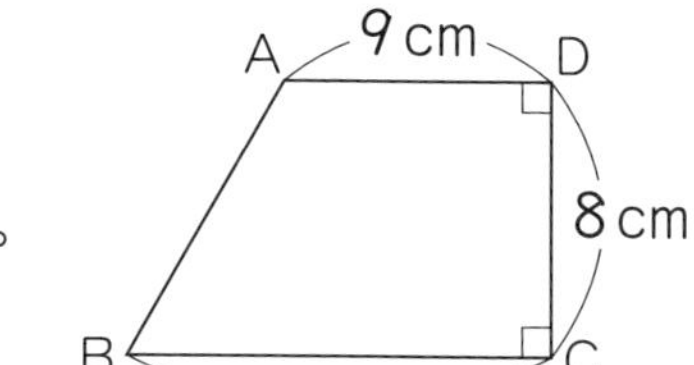

❶ 辺DCの実際の長さは何mですか。

（　　　　　）

❷ この土地の実際の面積は何m^2ですか。

（　　　　　）

答えは70ページ

月　日

10 およその形と大きさ
およその面積と体積

／100点

1 右の形を長方形と考えて、およその面積を求めましょう。

1つ10〔20点〕

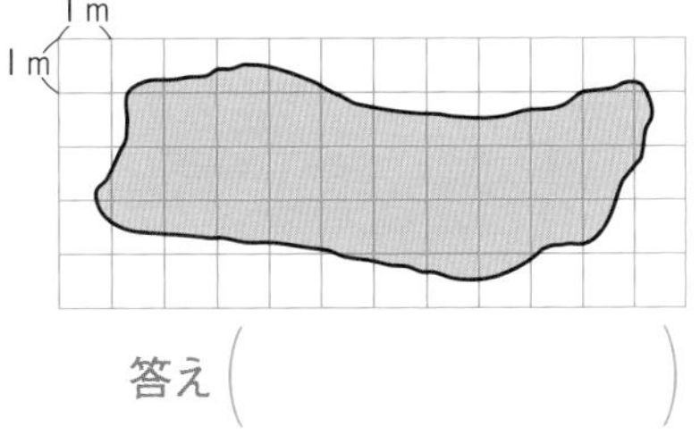

【式】

答え（　　　　）

2 右の形を平行四辺形と考えて、およその面積を求めましょう。

1つ10〔20点〕

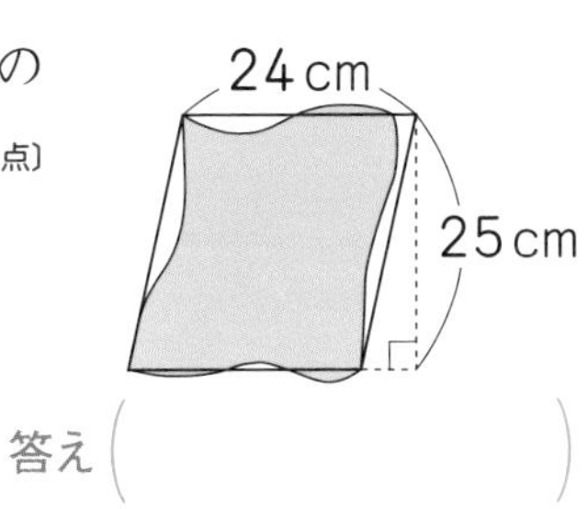

【式】

答え（　　　　）

3 右のような湖があります。湖の形を三角形と考えて、およその面積を求めましょう。

1つ15〔30点〕

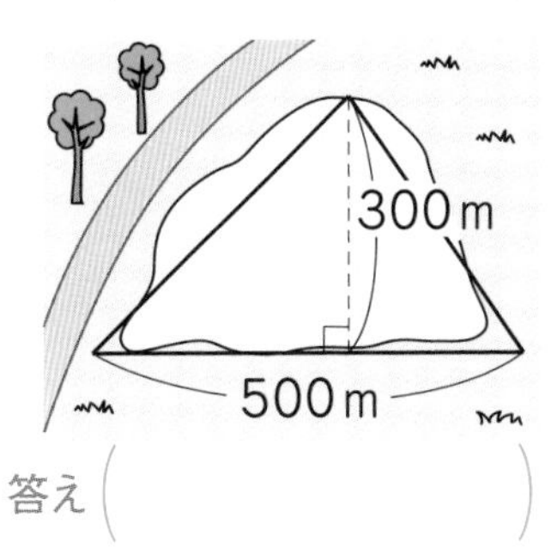

【式】

答え（　　　　）

4 内側の長さが右の図のような浴そうがあります。この浴そうの形を直方体と考えて、およその容積を求めましょう。

1つ15〔30点〕

90cm
60cm
31cm

【式】

答え（　　　　）

答えは
70ページ

月　日

10 およその形と大きさ
およその面積と体積

／100点

1 右の形を長方形と考えて、およその面積を求めましょう。　1つ10〔20点〕

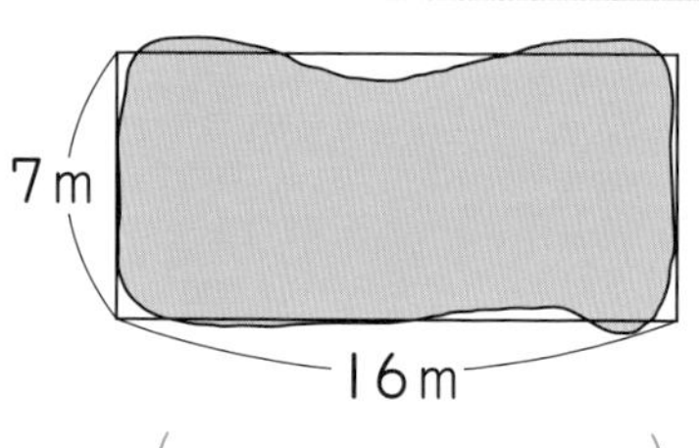

【式】

答え（　　　　）

2 右の形を三角形と考えて、およその面積を求めましょう。　1つ10〔20点〕

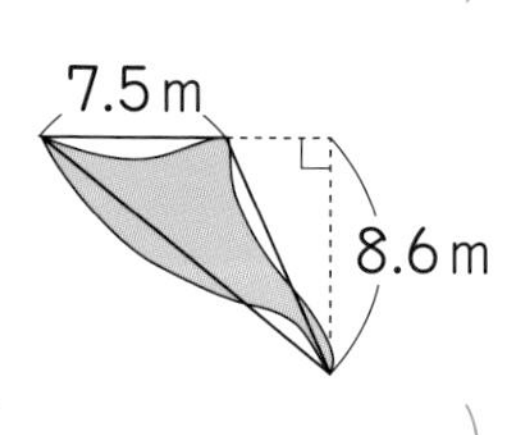

【式】

答え（　　　　）

3 右のような野球場があります。野球場の形を台形と考えて、およその面積を求めましょう。　1つ15〔30点〕

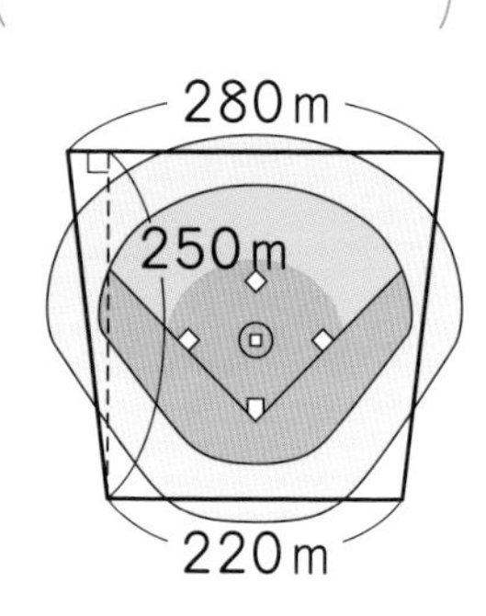

【式】

答え（　　　　）

4 右のような形をしたプールがあります。プールの形を直方体と考えて、およその容積を求めましょう。

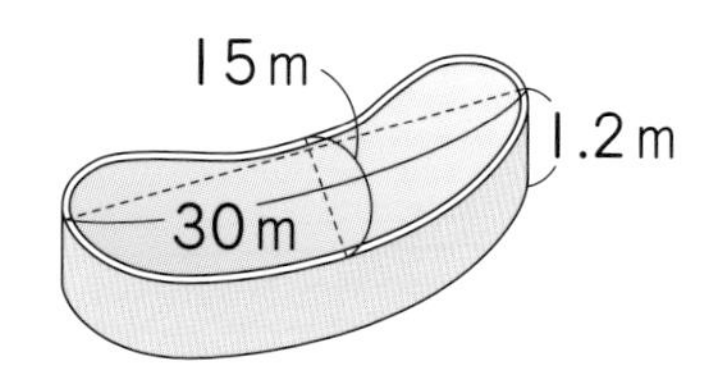

【式】　1つ15〔30点〕

答え（　　　　）

答えは
70ページ

月　日

11 比例と反比例
比例、比例の式

／100点

1 1mが200円の布があります。　1つ8〔64点〕

❶ 下の表の㋐～㋓にあてはまる数を書きましょう。

布(m)	0.1	1	2	5	10
値段(ねだん)(円)	㋐	200	㋑	㋒	㋓

❷ 買う布の長さが5倍になると、値段は何倍になりますか。　(　　　)

❸ 買う布の長さが$\frac{1}{10}$倍になると、値段は何倍になりますか。　(　　　)

❹ 布の長さと値段は、どのような関係にあるといえますか。　(　　　)

❺ 布の長さをxm、値段をy円として、xとyの関係を式に表しましょう。

(　　　)

2 次の2つの量で、比例しているものには○、比例していないものには×を書きましょう。　1つ9〔36点〕

❶ 同じ値段のはがきの枚数(まいすう)とその代金　(　　　)

❷ 1000円で買い物をしたときの代金とおつり　(　　　)

❸ 円の直径とその円周の長さ　(　　　)

❹ 水の重さとその体積　(　　　)

答えは
70ページ

月　日

11 比例と反比例
比例、比例の式

／100点

1 1本が3.4gのくぎがあります。　1つ10〔40点〕

❶ くぎx本の重さをygとして、xとyの関係を式に表しましょう。

(　　　　　)

❷ xの値(あたい)が8のとき、yの値はいくつになりますか。

(　　　　　)

❸ xの値が35のとき、yの値はいくつになりますか。

(　　　　　)

❹ yの値が255のとき、xの値はいくつになりますか。

(　　　　　)

2 横の長さが6.5cm、縦(たて)の長さが$x$cmの長方形があります。　1つ20〔60点〕

6.5cm
$x$cm

❶ 長方形の面積を$y$cm²として、xとyの関係を式に表しましょう。

(　　　　　)

❷ xの値が9のとき、yの値はいくつになりますか。

(　　　　　)

❸ yの値が78のとき、xの値はいくつになりますか。

(　　　　　)

答えは70ページ

月　日

11 比例と反比例
比例のグラフ、比例の利用

1 下の表は、ある自動車の使ったガソリンと走った道のりの関係を表したものです。　1つ20〔60点〕

❶ 使ったガソリンの量と道のりは、どのような関係にあるといえますか。

ガソリン x(L)	1	3	5	7	9
道のり y(km)	9	27	45	63	81

（　　　　　）

❷ x と y の関係を式に表しましょう。

（　　　　　）

❸ x と y の関係をグラフに表しましょう。

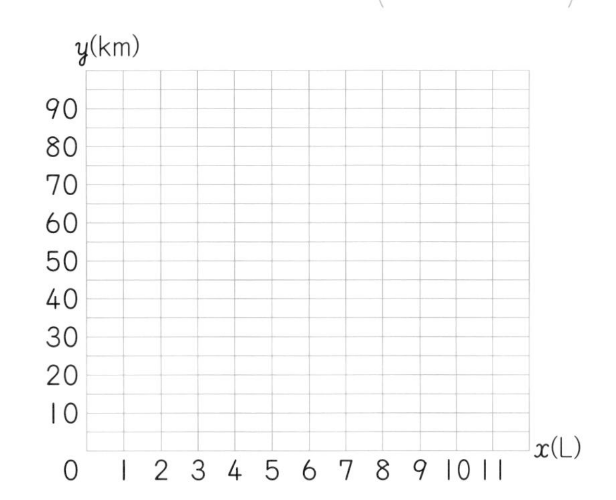

2 右のグラフを見て、次の問題に答えましょう。　1つ20〔40点〕

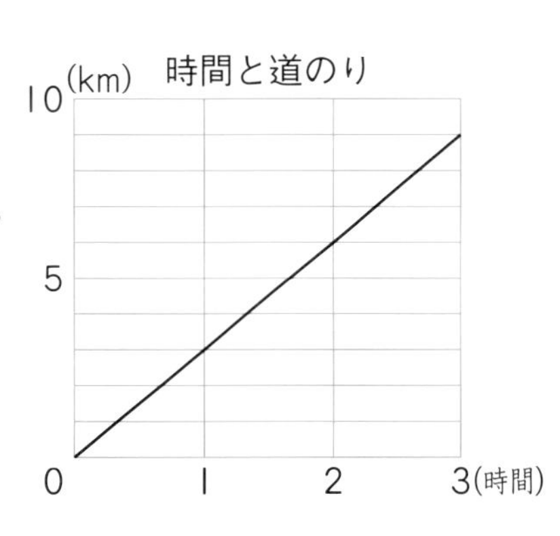

❶ 3時間では何km進みますか。

（　　　　　）

❷ 6km進むには何時間かかりますか。

（　　　　　）

答えは70ページ

11 比例と反比例
比例のグラフ、比例の利用

／100点

1 底辺が 10cm、高さが $x$cm の三角形があります。　1つ20〔40点〕

❶ 三角形の面積を $y$cm² として、x と y の関係を式に表しましょう。

（　　　　　　）

❷ x と y の関係をグラフに表しましょう。

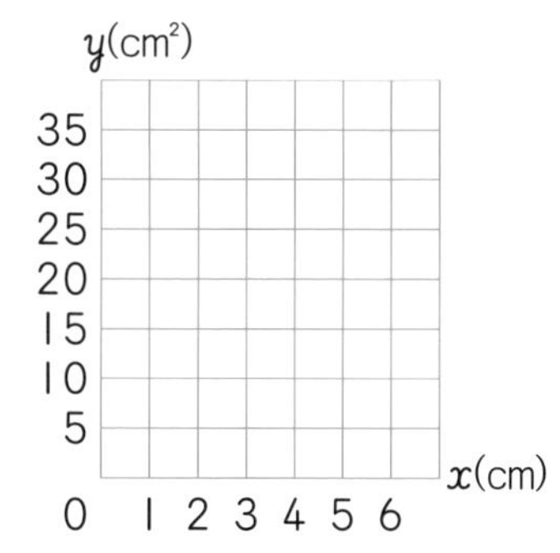

2 右のグラフは、針金(はりがね)の長さと重さの関係を表したものです。　1つ10〔30点〕

y(g)
24
20
16
12
8
4
0
1 2 3 4 5
x(cm)

❶ x の値(あたい)が 3 のとき、y の値はいくつですか。

（　　　　　　）

❷ y の値が 20 のとき、x の値はいくつですか。

（　　　　　　）

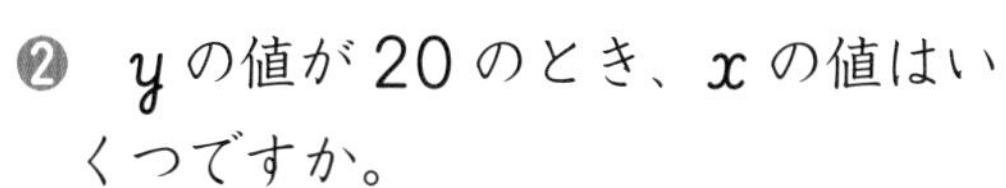

❸ x と y の関係を式に表しましょう。

（　　　　　　）

3 折り紙 30 枚(まい)の重さをはかったところ、37g ありました。折り紙の重さは枚数に比例すると考えて、折り紙 120 枚の重さを求めましょう。

1つ15〔30点〕

【式】

答え（　　　　　　）

答えは
70ページ

月　日

11 比例と反比例
反比例、反比例の式とグラフ

／100点

1 右の表は、面積が8㎡の長方形の、縦(たて)の長さと横の長さの関係を表したものです。 1つ10〔50点〕

縦の長さ(m)	1	2	4	8
横の長さ(m)	㋐	4	㋑	㋒

❶ 表の㋐～㋒にあてはまる数を書きましょう。

㋐(　　) ㋑(　　) ㋒(　　)

❷ 縦の長さと横の長さは、どのような関係にあるといえますか。 (　　)

❸ 縦の長さを xm、横の長さを ym として、x と y の関係を式に表しましょう。 (　　)

2 次の2つの量で、反比例しているものには○、反比例していないものには×を書きましょう。 1つ10〔20点〕

❶ 4kmの道のりを進むときの、速さとかかる時間 (　　)

❷ えん筆を使った日数とえん筆の残りの長さ (　　)

3 6mのリボンを同じ長さずつに分けます。 1つ10〔30点〕

❶ リボンを分けるときの本数を x 本、1本あたりの長さを ym として、x と y の関係を式に表しましょう。

(　　)

❷ x と y の関係をグラフに表しましょう。

❸ x の値(あたい)が3のとき、y の値はいくつですか。 (　　)

答えは70ページ

月　日

11 比例と反比例
反比例、反比例の式とグラフ

／100点

1 右の表は、10kmの道のりを走るときの、時間と時速の関係を表したものです。

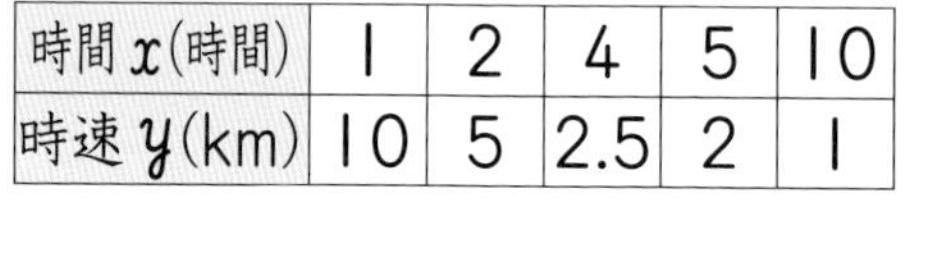

時間 x(時間)	1	2	4	5	10
時速 y(km)	10	5	2.5	2	1

1つ20〔40点〕

❶ xとyの関係を式に表しましょう。

(　　　　　)

❷ xとyの関係をグラフに表しましょう。

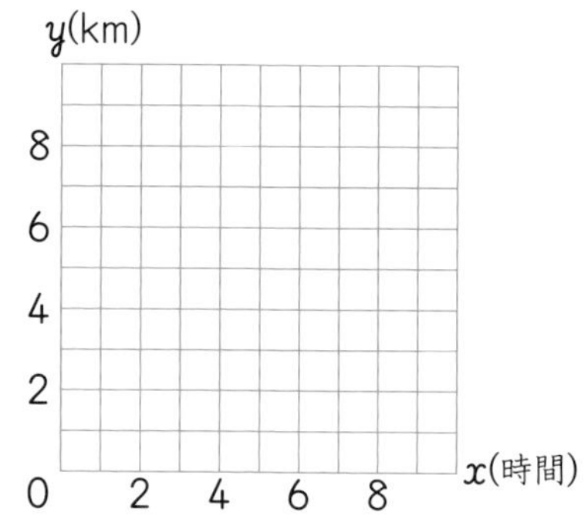

2 右のグラフは、ある水そうに水を入れるときの、1分間に入れる水の量xm³と、水そうがいっぱいになるまでの時間y分との関係を表したものです。

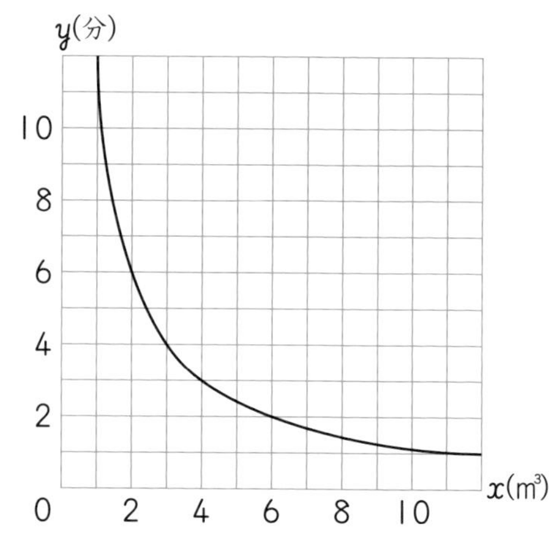

1つ20〔60点〕

❶ xの値(あたい)が4のとき、yの値はいくつですか。

(　　　　　)

❷ yの値が6のとき、xの値はいくつですか。(　　　　　)

❸ xとyの関係を式に表しましょう。(　　　　　)

答えは70ページ

月　日

12 場合の数
並べ方

／100点

1 A、B、Cの3人でリレーのチームをつくります。この3人の走る順番を決めます。 1つ10〔40点〕

❶ 右の表で、あいているところにあてはまる記号を書きましょう。

第1走者	第2走者	第3走者
A	B	C
A	C	B
B	A	

❷ 次のとき、3人の走る順番は何通りありますか。

ア　第1走者がBのとき（　　　）

イ　第1走者がCのとき（　　　）

❸ 3人の走る順番は、全部で何通りありますか。（　　　）

2 [1]、[3]、[5]、[7]の4枚（まい）のカードがあります。この中から3枚を選んで、3けたの整数をつくります。 1つ12〔60点〕

❶ 右の図で、あいている□にあてはまる数を書きましょう。

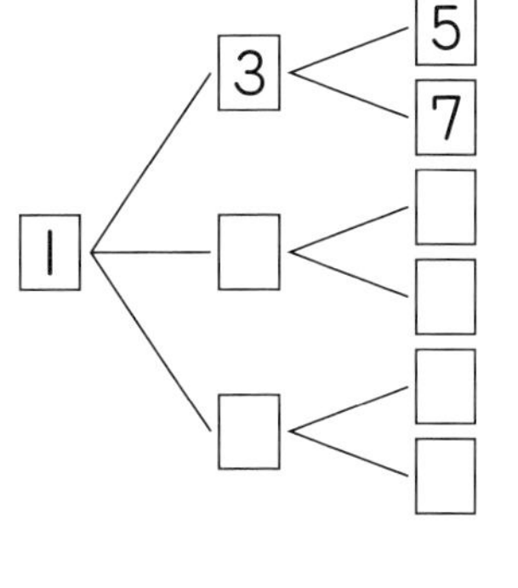

❷ 次のとき、3けたの整数は何通りできますか。

ア　百の位が3のとき（　　　）

イ　百の位が5のとき（　　　）

ウ　百の位が7のとき（　　　）

❸ 3けたの整数は、全部で何通りできますか。（　　　）

答えは
71ページ

月　日

12 場合の数
並べ方

／100点

1 [2]、[4]、[6]、[8]の4枚(まい)のカードがあります。この中から2枚を選んで、2けたの整数をつくります。2けたの整数は、全部で何通りできますか。〔25点〕

（　　　　）

2 1枚のコインを続けて4回投げます。表と裏(うら)の出方は、全部で何通りありますか。〔25点〕

（　　　　）

3 かおりさん、すみれさん、ちひろさん、まなみさんの4人が公園のベンチに座(すわ)って横1列に並(なら)んで、写真をとってもらうことになりました。並び方は、全部で何通りありますか。〔25点〕

（　　　　）

4 右の図のA、B、Cの3つの部分を、赤、青、黄、緑の4色のうちの3色を使ってぬり分けます。色のぬり分け方は、全部で何通りありますか。〔25点〕

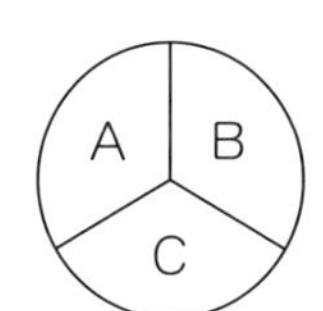

（　　　　）

答えは
71ページ

月　日

12 場合の数
組み合わせ方

／100点

1 まさるさん、ゆうとさん、あゆみさん、さなえさんの４人の中から図書委員を２人選びます。２人の図書委員の組み合わせを考えるために、右のような表をつくりました。

1つ15〔30点〕

まさる	ゆうと	あゆみ	さなえ
○	○		
○		○	

❶ 右の表を完成させましょう。

❷ ２人の図書委員の選び方は、全部で何通りありますか。

（　　　　）

2 A、B、C、Dの４つのサッカーチームが、それぞれどのチームとも１回ずつ試合をします。試合の組み合わせを考えるために、右のような表をつくりました。

1つ15〔30点〕

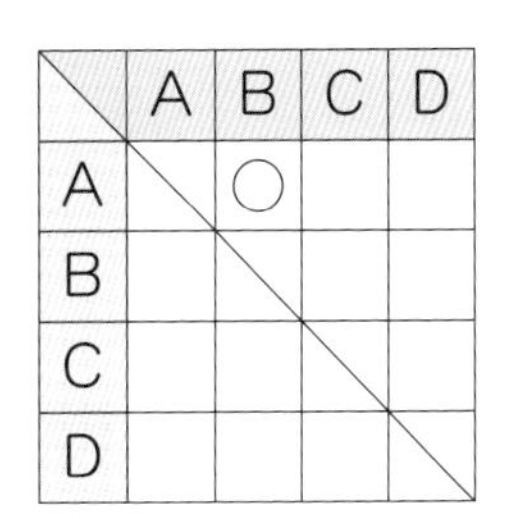

	A	B	C	D
A		○		
B				
C				
D				

❶ 右の表を完成させましょう。

❷ 試合の組み合わせは、全部で何通りありますか。

（　　　　）

3 赤、緑、青、黄の４種類の絵の具があります。この４種類の絵の具の中から２種類を選んで色をつくります。２種類の色の組み合わせを考えるために、右のような図をかきました。

1つ20〔40点〕

❶ 右の図を完成させましょう。

❷ つくることができる色は、全部で何通りありますか。

（　　　　）

答えは
71ページ

月　日

12 場合の数
組み合わせ方

1 かずひろさん、みつるさん、ゆたかさん、ちなつさん、まゆみさんの5人の班(はん)があります。この班の中からそうじ当番を2人選びます。2人のそうじ当番の選び方は、全部で何通りありますか。 〔30点〕

（　　　　）

2 A、B、C、D、Eの5つの野球チームが、それぞれ他の4つのチームと1回ずつあたるように試合をします。試合の組み合わせは、全部で何通りありますか。 〔30点〕

（　　　　）

3 あけみさんは、お店にくだものを買いに行きました。右の図の4種類のくだもののうちの2種類を買います。 1つ20〔40点〕

❶ 2種類のくだものの買い方は、全部で何通りありますか。

（　　　　）

❷ 2種類のくだものの合計の値段(ねだん)が200円以上になる買い方は、全部で何通りありますか。

（　　　　）

答えは
71ページ

12 場合の数
いろいろな場合の数の問題

／100点

1 0、1、2、3の4枚のカードがあります。この中から2枚を選んで、2けたの整数をつくります。　1つ10〔30点〕

❶ 次のとき、2けたの整数は何通りできますか。

ア　十の位が1のとき　（　　　）

イ　十の位が2のとき　（　　　）

❷ 2けたの整数は、全部で何通りできますか。　（　　　）

2 しんやさんのクラス全体の人数は34人です。このクラスでは、野球が好きな人が15人、サッカーが好きな人が21人、両方とも好きな人が9人います。　1つ10〔30点〕

❶ 野球が好きでサッカーが好きでない人は、何人いますか。　（　　　）

❷ 野球またはサッカーが好きな人は、何人いますか。　（　　　）

❸ 両方とも好きでない人は、何人いますか。　（　　　）

3 上皿天びんの1つの皿に、右の3つの分銅のうちの2つをのせて、重さをはかります。　1つ20〔40点〕

あ

❶ あの分銅を使うとき、はかることができる重さの組み合わせは何通りありますか。　（　　　）

❷ 分銅の組み合わせは、全部で何通りありますか。　（　　　）

答えは71ページ

月　日

12 場合の数
いろいろな場合の数の問題

／100点

1 [0]、[2]、[4]、[6] の 4 枚（まい）のカードがあります。この中から 3 枚を選んで、3 けたの整数をつくります。3 けたの整数は、全部で何通りできますか。〔20点〕

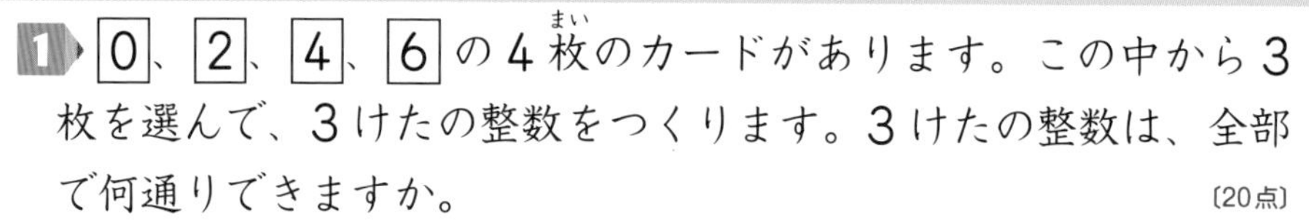

（　　　）

2 まいさんのクラスで、算数と国語についてアンケートをとりました。その結果、算数が好きな人は 21 人、国語が好きな人は 16 人、両方とも好きな人は 8 人、両方とも好きでない人は 4 人でした。まいさんのクラスの人数は何人ですか。〔20点〕

（　　　）

3 水そうに、下の 4 つの容器のうちの 2 つをそれぞれ 1 回だけ使って水を入れます。1つ20〔60点〕

❶　次のとき、入れることができる水の体積は何通りありますか。

ア　Ⓐあの容器を使うとき

（　　　）

イ　Ⓐいの容器を使うとき

（　　　）

あ 1L　い 2L　う 4L　え 5L

❷　入れることができる水の体積は、全部で何通りありますか。

（　　　）

答えは 71ページ

月　　日

13 量の単位のしくみ
長さと面積・体積、重さと体積

／100点

1 下の表は、1辺の長さと正方形の面積・立方体の体積の関係を表したものです。㋐～㋗に数と単位を入れましょう。 1つ4〔32点〕

1辺の長さ	1cm	10cm	1m	10m	100m	㋐ 1000m
正方形の面積	1cm^2	㋑	1m^2	100m^2 ㋒	10000m^2 ㋓	1km^2
立方体の体積	1cm^3 ㋔	㋕ 1L	1m^3 ㋖	㋗	100万m^3	1km^3

2 家から駅まで1.5kmあります。分速60mで歩いていくと、何分かかりますか。 1つ8〔16点〕

【式】

答え（　　　　）

3 1.5tの米を、25kg入るふくろにつめます。ふくろはいくついりますか。 1つ8〔16点〕

【式】

答え（　　　　）

4 5.4Lのジュースを、20人で同じように分けます。1人何mLずつになりますか。 1つ8〔16点〕

【式】

答え（　　　　）

5 右の図のような、1辺の長さが1mの正方形のかべがあります。このかべを、1辺の長さが2cmの正方形のタイルでしきつめます。タイルは何枚（まい）いりますか。 1つ10〔20点〕

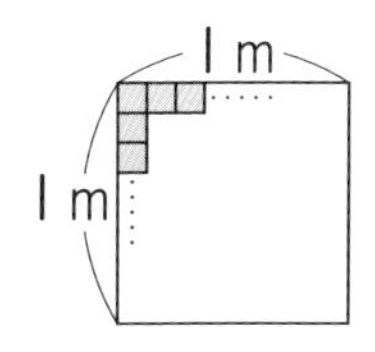

【式】

答え（　　　　）

答えは
71ページ

かくにん
27

月　日

13 量の単位のしくみ
長さと面積・体積、重さと体積

／100点

1 右の表は、水の体積と重さの関係を表したものです。㋐～㋔に数と単位を入れましょう。

1つ5〔25点〕

水の体積	$1\,cm^3$	㋐	$1000\,cm^3$	$1\,m^3$
	㋑	1 dL	1 L	1 kL
水の重さ	1 g	㋒	1000 g	1000 kg
			㋓	㋔

2 みずきさんの学校のプールは、縦（たて）が 25 m、横が 15 m、深さが 1 m あります。このプールいっぱいに水を入れたとき、水の体積は何 m^3 ですか。また、水の重さは何 kg ですか。

1つ5〔15点〕

【式】

体積（　　　　）　重さ（　　　　）

3 水とうに水を 700 mL 入れて重さをはかったら、1.6 kg ありました。水とうの重さは何 g ですか。

1つ10〔20点〕

【式】

答え（　　　　）

4 内側の長さが、縦 40 cm、横 50 cm の水そうに、水が 50 kg 入っています。水の深さは何 cm ですか。

1つ10〔20点〕

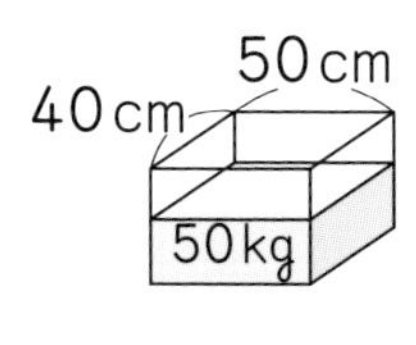

【式】

答え（　　　　）

5 右の図のような容器いっぱいに水が入っています。水は何 kg 入っていますか。

1つ10〔20点〕

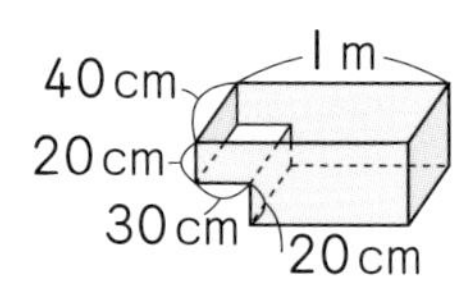

【式】

答え（　　　　）

答えは 71ページ

きほん 28

14 いろいろな問題
和差算、年れい算、分配算

1 大小２つの数があります。２つの数の和は82で、差は24です。２つの数はそれぞれいくつですか。 1つ8〔16点〕

【式】

答え（　　　　）

2 水とお茶のペットボトルが合わせて33本あり、水の本数はお茶の本数より５本多いです。水とお茶はそれぞれ何本ありますか。

【式】 1つ8〔24点〕

水（　　　　）　お茶（　　　　）

3 120個のあめを、兄と弟で分けます。兄のあめの個数が弟の２倍になるように分けました。それぞれ何個ずつになりますか。

【式】 1つ10〔30点〕

兄（　　　　）　弟（　　　　）

4 現在のあやさんの年れいは12さいです。４年後に、父の年れいはあやさんの年れいの３倍になります。 1つ6〔30点〕

❶ ４年後のあやさんと父の年れいはそれぞれ何さいですか。

【式】

あや（　　　　）　父（　　　　）

❷ 現在の父の年れいは何さいですか。

【式】

答え（　　　　）

答えは
71ページ

月　日

14 いろいろな問題
和差算、年れい算、分配算

／100点

1 ともよさんは家から学校に行くのに、電車とバスを使います。電車とバスに乗っている時間の合計は１時間20分で、電車に乗っている時間はバスに乗っている時間よりも30分多いです。それぞれ何分ずつ乗っていますか。　1つ12〔36点〕

【式】

電車（　　　　　）

バス（　　　　　）

2 現在のまさやさんの母の年れいは35さいです。3年前に、母の年れいはまさやさんの年れいの4倍でした。現在のまさやさんの年れいは何さいですか。　1つ14〔28点〕

【式】

答え（　　　　　）

3 80cmの針金（はりがね）があります。この針金を、右の図のように、縦（たて）と横の長さの比が3:5になるように折り曲げて、長方形をつくります。この長方形の縦と横の長さは、それぞれ何cmになりますか。　1つ12〔36点〕

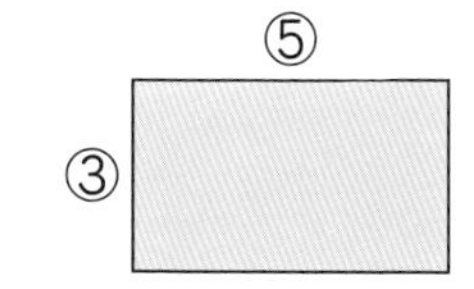

【式】

縦（　　　　　）

横（　　　　　）

答えは72ページ

月　日　10分

14 いろいろな問題
過不足算、相当算、旅人算

／100点

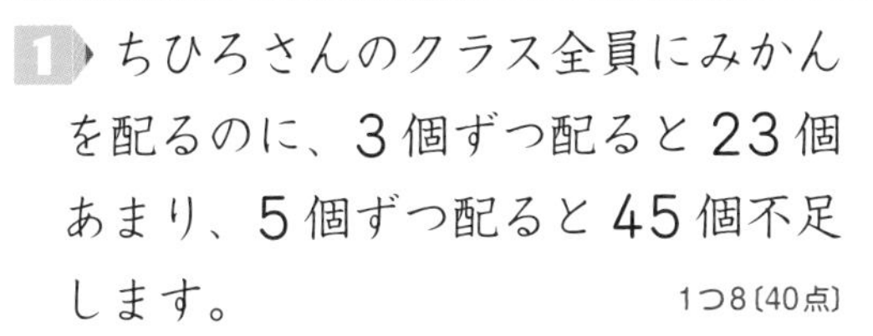

1 ちひろさんのクラス全員にみかんを配るのに、3個ずつ配ると23個あまり、5個ずつ配ると45個不足します。　1つ8〔40点〕

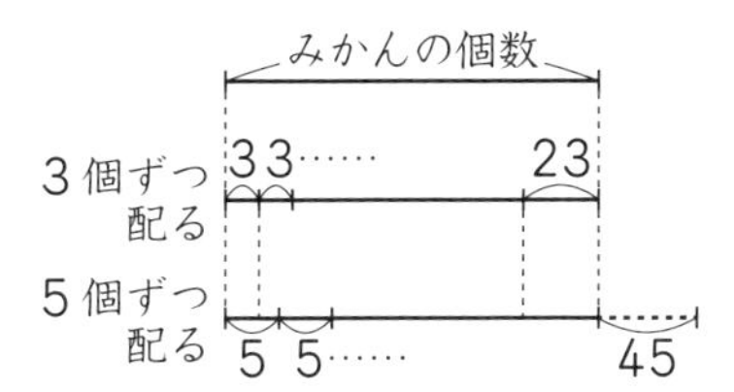

❶ 5個ずつ配るのに必要なみかんの個数は、3個ずつ配るのに必要なみかんの個数より何個多いですか。

【式】

答え（　　　　）

❷ ちひろさんのクラスの人数は何人ですか。また、みかんの個数は全部で何個ありますか。

【式】

人数（　　　　）　個数（　　　　）

2 たけしさんは持っているお金の$\frac{3}{5}$を使って900円の本を買いました。たけしさんがはじめに持っていたお金はいくらですか。

【式】　1つ15〔30点〕

答え（　　　　）

3 あやさんは、分速60mで学校に向かっています。あやさんが家を出発してから6分後にお母さんが忘(わす)れ物に気づき、分速90mで追いかけました。お母さんが家を出発するまでに、あやさんは何m歩きましたか。また、お母さんがあやさんに追いついたのは、お母さんが家を出発してから何分後ですか。　1つ10〔30点〕

【式】

（　　　　）（　　　　）

答えは72ページ

月　日

14 いろいろな問題
過不足算、相当算、旅人算

／100点

1 たかひろさんのクラス全員にえん筆を配るのに、5本ずつ配ると38本あまり、8本ずつ配ると55本不足します。たかひろさんのクラスの人数は何人ですか。また、えん筆の本数は全部で何本ありますか。
1つ10〔30点〕

【式】

人数（　　　　）　本数（　　　　）

2 みさきさんは昨日から本を読んでいます。昨日は全体の $\frac{3}{7}$ より25ページ多く読み、今日155ページ読んだので、読み終えることができました。この本は全部で何ページですか。
1つ15〔30点〕

$\frac{3}{7}$　25ページ　155ページ

【式】

答え（　　　　）

3 まさるさんは、分速60mでなおきさんの家に向かって出発しました。なおきさんは、まさるさんが家を出発してから8分後に、分速90mで家を出発しました。2人の家の間の道のりは1080mです。1つ10〔40点〕

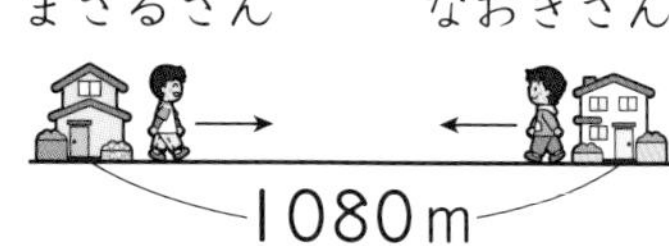

❶ なおきさんが家を出発したとき、まさるさんとなおきさんの間の道のりは何mですか。

【式】

答え（　　　　）

❷ 2人が出会うのはまさるさんが出発してから何分後ですか。

【式】

答え（　　　　）

答えは72ページ

力だめし ①

月　日

／100点

1 次の㋐～㋓のうち、線対称(せんたいしょう)な図形であり、点対称な図形でもあるのはどれですか。 〔20点〕

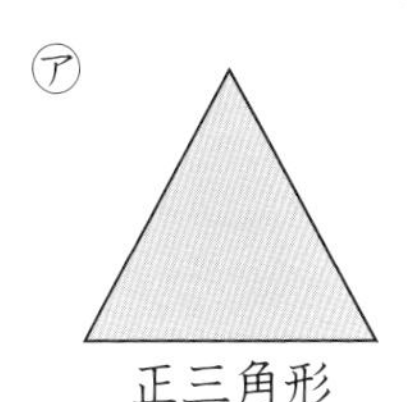

正三角形

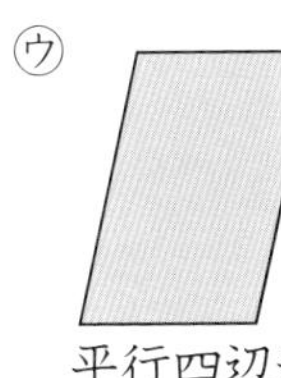

正方形

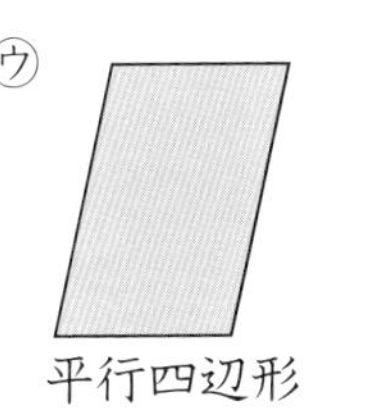

平行四辺形

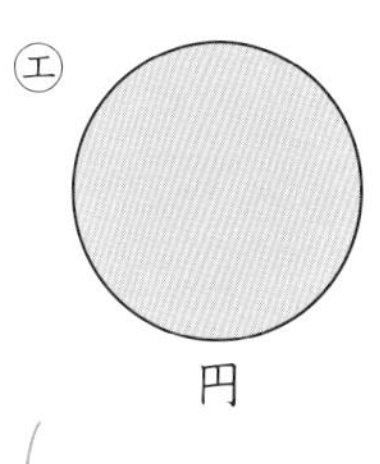

円

（　　　　）

2 面積が $26\,cm^2$、底辺が 6.5 cm の三角形の高さは何 cm ですか。高さを x cm として式に表し、答えを求めましょう。 1つ10〔20点〕

【式】

答え（　　　　）

3 右の図のような三角形があります。 1つ10〔40点〕

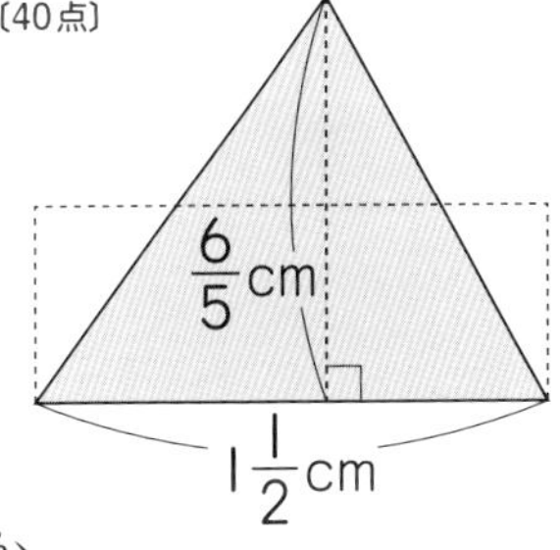

❶ 三角形の面積は何 cm^2 ですか。

【式】

答え（　　　　）

❷ 面積を変えないで点線のような長方形を作ると、縦(たて)の長さは何 cm になりますか。

【式】

答え（　　　　）

4 リボンを $\frac{8}{5}$ m 買いました。代金は 400 円でした。このリボンを 0.7 m 買うと、代金はいくらになりますか。 1つ10〔20点〕

【式】

答え（　　　　）

答えは
72ページ

月　日

力だめし ②

／100点

1 分速$\frac{4}{5}$kmの自動車は、$3\frac{9}{10}$kmの道のりを走るのに何分かかりますか。　1つ10〔20点〕

【式】

答え（　　　　）

2 右の図形の面積を求めましょう。　1つ10〔20点〕

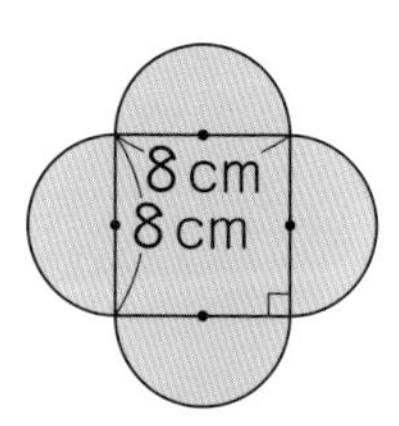

【式】

答え（　　　　）

3 3kgのねん土をたかしさんとまゆみさんで分け、たかしさんは1.8kgのねん土をもらいました。たかしさんとまゆみさんのねん土の重さの割合（わりあい）を、簡単（かんたん）な比で表しましょう。　1つ15〔30点〕

【式】

答え（　　　　）

4 2つの長方形A、Bの周りの長さはともに50cmです。Aの縦（たて）と横の長さの比は2:3、Bの縦と横の長さの比は1:2です。AとBの面積の比を求めましょう。　1つ15〔30点〕

③
②　A

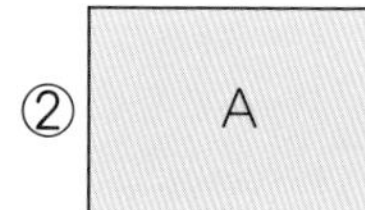

【式】

答え（　　　　）

答えは72ページ

月　日

10分

力だめし ③

／100点

1 右の図は、学校にある花だんの $\frac{1}{300}$ の縮図(しゅくず)です。　1つ10〔40点〕

3cm　7cm

❶ この花だんの実際の周りの長さは何mですか。

【式】

答え（　　　　）

❷ この花だんの実際の面積は何m^2ですか。

【式】

答え（　　　　）

2 次の立体の体積を求めましょう。　1つ10〔60点〕

❶ 8cm　6cm　10cm　15cm

【式】

答え（　　　　）

❷ 8cm　5cm

【式】

答え（　　　　）

❸ 10cm　10cm　4cm　2cm　8cm

【式】

答え（　　　　）

答えは
72ページ

月　日

力だめし ④

／100点

1 0、3、5、9 の4枚(まい)のカードを使って、4けたの整数をつくります。4けたの整数は、全部で何通りできますか。〔18点〕

（　　　　）

2 A、B、C、D、E、Fの6つのバレーボールのチームが、それぞれ他の5つのチームと1回ずつあたるように試合をします。試合の組み合わせは、全部で何通りありますか。〔20点〕

（　　　　）

3 たつやさんの学校の5、6年生の人数は合わせて128人で、5年生の人数は6年生の人数より12人多いです。たつやさんの学校の5、6年生の人数は、それぞれ何人ですか。1つ10〔30点〕

【式】

5年生（　　　　）　6年生（　　　　）

4 かなさんのクラス全員にノートを配るのに、4冊(さつ)ずつ配ると29冊あまり、6冊ずつ配ると43冊不足します。1つ8〔32点〕

❶ かなさんのクラスの人数は何人ですか。

【式】

答え（　　　　）

❷ ノートは全部で何冊ありますか。

【式】

答え（　　　　）

答えは72ページ

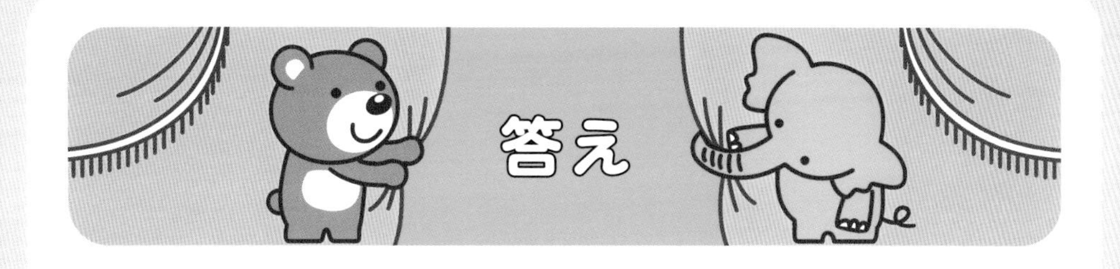

1

3・4ページ

1 ❶ ㋐、㋓

❷ ㋐ ㋓

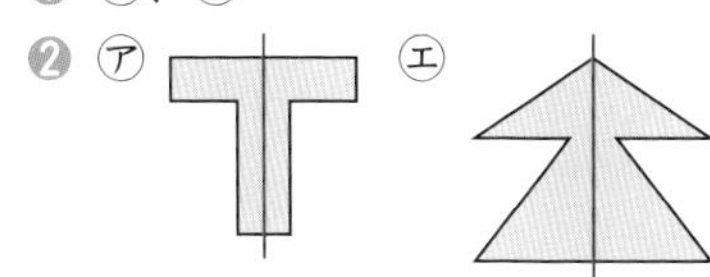

2 ❶ 頂点E ❷ 辺GF ❸ 角H
❹ 直線GI ❺ 直線FJ

3

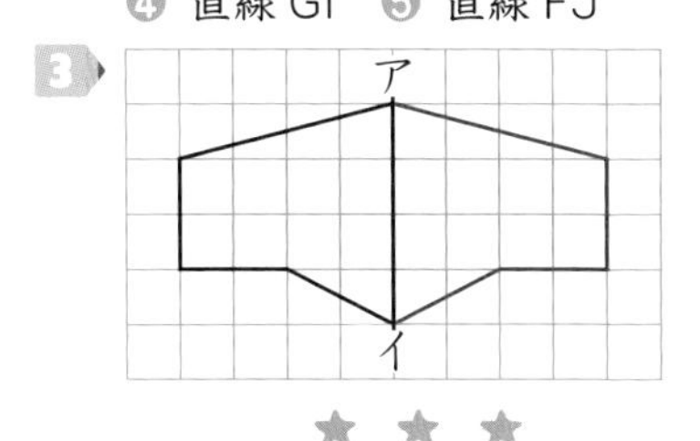

★ ★ ★

1 ㋑、㋒、㋔、㋖、㋘

2 ❶ 頂点H ❷ 辺DE
❸ 角B ❹ 直線IG

3 ❶ 2本 ❷ 3本

4

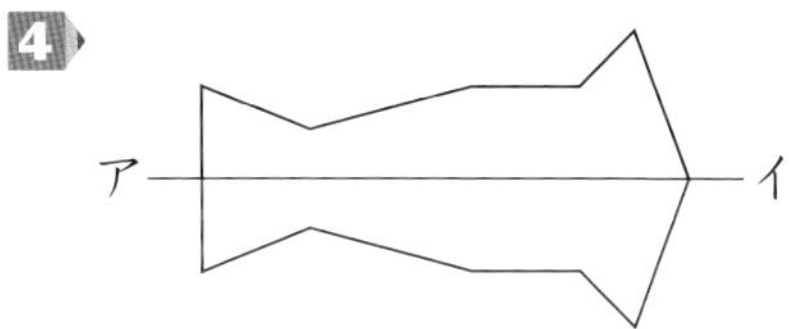

2

5・6ページ

1 ㋐、㋒

2 ❶ 頂点D ❷ 辺FA ❸ 角E
❹ 直線CO ❺ 直線BO

3

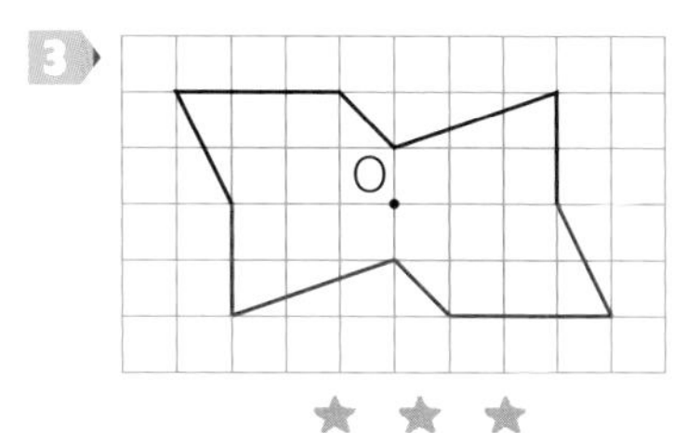

★ ★ ★

1 ㋓、㋔、㋖、㋘

2 ❶ 頂点D ❹
❷ 辺HA
❸ 角C
❺ 直線AO
❻ 直線GD
❼ 直線FC

A G H F B O D C E

3

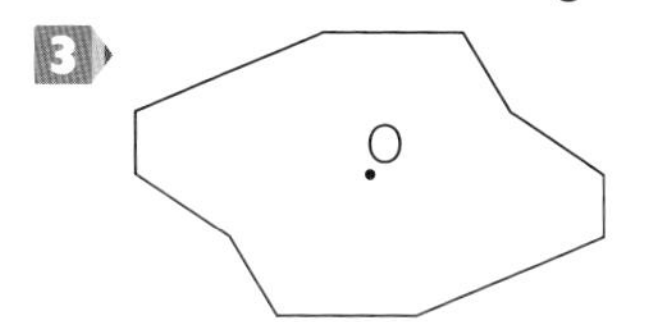

3

7・8ページ

1 ㋐ A ㋑ C ㋒ B ㋓ C ㋔ D
㋕ D ㋖ A ㋘ A ㋗ C

2 ❶ 6本
❷ 右の図

O

3 ❶ ○
❷ ×
❸ ○

1 ❶ ㋐、㋓、㋔、㋕

❷

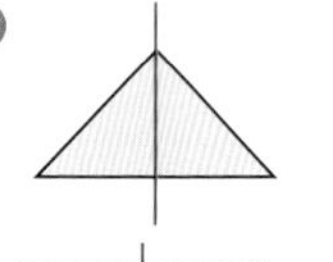
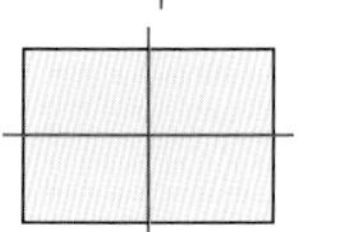
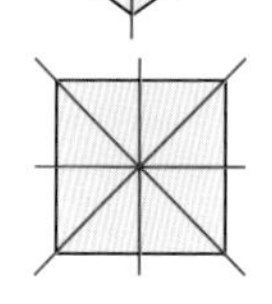

❸ ㋒、㋓、㋔、㋕

❹

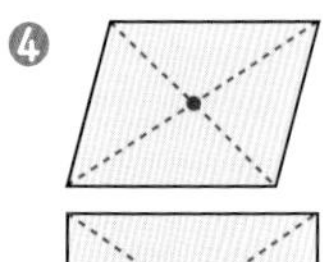
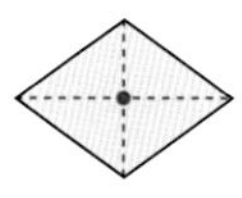
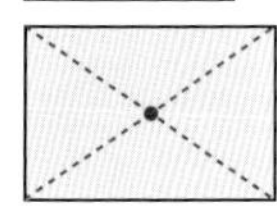
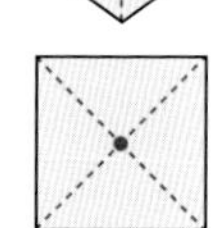

2 ❶ 線対称な図形、数かぎりなくある
❷ 点対称な図形、円の中心
❸ 線対称な図形で、点対称な図形ではない。

4

9・10ページ

1 ❶ $50\times x$ ❷ 200 ❸ 750 ❹ 6

2 ❶ $15\times a$ ❷ 300 ❸ 375 ❹ 40

★ ★ ★

1 ❶ $8\times x\div 2$ ❷ 24

2 ❶ $1000-60\times a=b$ ❷ 520

3 ❶ $35-3\times x=y$ ❷ 11

5

11・12ページ

1 $\frac{3}{4}\times 8=6$ 　6L

2 $\frac{5}{8}\times 40=25$ 　25m

3 $\frac{4}{5}\times 2=\frac{8}{5}$ 　$\frac{8}{5}\left(1\frac{3}{5}\right)$m²

4 $\frac{5}{6}\times 8=\frac{20}{3}$ 　$\frac{20}{3}\left(6\frac{2}{3}\right)$kg

★ ★ ★

1 $\frac{2}{9}\times 15=\frac{10}{3}$ 　$\frac{10}{3}\left(3\frac{1}{3}\right)$km²

2 $\frac{13}{10}\times 7=\frac{91}{10}$ 　$\frac{91}{10}\left(9\frac{1}{10}\right)$dL

3 $1\frac{3}{8}\times 14=\frac{77}{4}$ 　$\frac{77}{4}\left(19\frac{1}{4}\right)$km

4 $37\frac{1}{2}\times 400=15000$ 　15kg

6

13・14ページ

1 $\frac{5}{6}\times\frac{7}{9}=\frac{35}{54}$ 　$\frac{35}{54}$kg

2 $320\times\frac{3}{2}=480$ 　480円

3 $\frac{5}{3}\times\frac{5}{7}=\frac{25}{21}$ 　$\frac{25}{21}\left(1\frac{4}{21}\right)$cm²

4 $1\frac{1}{7}\times 1\frac{1}{7}=\frac{64}{49}$ 　$\frac{64}{49}\left(1\frac{15}{49}\right)$cm²

★ ★ ★

1 $\frac{8}{9}\times\frac{15}{16}=\frac{5}{6}$ 　$\frac{5}{6}$kg

2 $\frac{4}{15}\times 2.5=\frac{2}{3}$ 　$\frac{2}{3}$m²

3 $2\frac{1}{3}\times 1\frac{1}{5}=\frac{14}{5}$ 　$\frac{14}{5}\left(2\frac{4}{5}\right)$cm²

4 $1\frac{3}{4}\times 2\frac{1}{3}\times\frac{6}{7}=\frac{7}{2}$ 　$\frac{7}{2}\left(3\frac{1}{2}\right)$cm³

7

15・16ページ

1 $\frac{5}{8}\div 2=\frac{5}{16}$ 　$\frac{5}{16}$kg

2 $\frac{9}{7}\div 3=\frac{3}{7}$ 　$\frac{3}{7}$L

3 $\frac{16}{3}\div 6=\frac{8}{9}$ 　$\frac{8}{9}$m

4 $\frac{32}{5}\div 5=\frac{32}{25}$ 　$\frac{32}{25}\left(1\frac{7}{25}\right)$kg

★ ★ ★

1 $\frac{14}{3}\div 21=\frac{2}{9}$ $\frac{2}{9}$L

2 $6\frac{2}{3}\div 8=\frac{5}{6}$ $\frac{5}{6}$m

3 ❶ $8\frac{3}{4}\times 6\div 7=\frac{15}{2}$ $\frac{15}{2}\left(7\frac{1}{2}\right)$L

❷ $8\frac{3}{4}\times 6\div 40=\frac{21}{16}$ $\frac{21}{16}\left(1\frac{5}{16}\right)$L

8

17・18ページ

1 $\frac{40}{3}\div\frac{2}{3}=20$ 20km

2 $380\div\frac{4}{3}=285$ 285円

3 ❶ $\frac{24}{25}\div 1\frac{1}{5}=\frac{4}{5}$ $\frac{4}{5}$kg

❷ $1\frac{4}{15}\div 1\frac{2}{3}=\frac{19}{25}$ $\frac{19}{25}$kg

★★★

1 $\frac{10}{9}\div\frac{5}{6}=\frac{4}{3}$ $\frac{4}{3}\left(1\frac{1}{3}\right)$L

2 $16\div\frac{4}{7}=28$ 28人

3 $2\frac{1}{2}\div\frac{1}{10}=25$ 25秒

4 $\frac{16}{15}\div 0.8=\frac{4}{3}$ $\frac{4}{3}\left(1\frac{1}{3}\right)$m²

9

19・20ページ

1 $6\div 36=\frac{1}{6}$ $\frac{1}{6}$

2 $48\div 104=\frac{6}{13}$ $\frac{6}{13}$

3 $12\times\frac{2}{3}=8$ 8m²

4 $165\times\frac{1}{30}=\frac{11}{2}$ $\frac{11}{2}\left(5\frac{1}{2}\right)$g

★★★

1 $12\div 42=\frac{2}{7}$ $\frac{2}{7}$

2 $250\div 900=\frac{5}{18}$ $\frac{5}{18}$

3 $360\times\frac{2}{9}=80$ 80cm

4 $4\frac{2}{3}\times\frac{1}{7}=\frac{2}{3}$ $\frac{2}{3}$kg

10

21・22ページ

1 $10\div\frac{1}{24}=240$ 240人

2 $390\div\frac{3}{20}=2600$ 2600円

3 $800\div\frac{2}{3}=1200$ 1200m

4 $45\div\frac{1}{5}=225$ 225円

★★★

1 $10\div\frac{5}{12}=24$ 24L

2 $80\div\frac{4}{25}=500$ 500円

3 $\frac{3}{4}\div\frac{3}{8}-\frac{3}{4}=\frac{5}{4}$ $\frac{5}{4}\left(1\frac{1}{4}\right)$km

4 $1500\div\left(1-\frac{3}{8}\right)=2400$ 2400円

11

23・24ページ

1 $100\div 3=\frac{100}{3}$ 時速$\frac{100}{3}\left(33\frac{1}{3}\right)$km

2 $\frac{13}{4}\times 24=78$ 78m

3 $\frac{585}{4}\div\frac{117}{2}=\frac{5}{2}$ $\frac{5}{2}\left(2\frac{1}{2}\right)$分

4 $35\div\frac{7}{6}=30$ 時速30km

★★★

1 $85\div 1\frac{1}{3}=\frac{255}{4}$ 時速$\frac{255}{4}\left(63\frac{3}{4}\right)$km

2 $25 \div \frac{100}{3} = \frac{3}{4}$　$\frac{3}{4}$時間

3 $\frac{18}{5} \times \frac{5}{4} = \frac{9}{2}$　$\frac{9}{2}\left(4\frac{1}{2}\right)$km

4 $5.4 \div \frac{9}{2} = \frac{6}{5}$　1時間12分

12

25・26ページ

1 4×4×3.14＝50.24　50.24㎡

2 5×5×3.14÷2＝39.25　39.25㎡

3 ❶ $\frac{1}{4}$
❷ 6×6×3.14÷4＝28.26　28.26㎡

4 ❶ $\frac{1}{3}$
❷ 3×3×3.14÷3＝9.42　9.42㎡

★ ★ ★

1 10×10×3.14＋20×30＝914　914㎡

2 5×5×3.14÷5＝15.7　15.7㎡

3 5×5×3.14÷2－2×2×3.14÷2－3×3×3.14÷2＝18.84　18.84㎡

4 ❶ 3×3×3.14÷3＝9.42　9.42㎡
❷ 9×9×3.14÷2＋9.42×2＝146.01　146.01㎡

13

27・28ページ

1 ❶ 12×8＝96　96cm²
❷ 96×6＝576　576cm³

2 6×3÷2＝9　54÷9＝6　6cm

3 ❶ 6×6×3.14＝113.04　113.04cm²
❷ 113.04×5＝565.2　565.2cm³
❸ 113.04×8－565.2＝339.12　339.12cm³

★ ★ ★

1 400－40×9＝40　40cm³

2 5×5×3.14×(8－4.2)＝298.3　298.3mL

3 ❶ 8×6÷2×15＝360　360cm³
❷ 3×3×3.14×10＝282.6　282.6cm³

14

29・30ページ

1 ❶ 9×9×3.14÷6＝42.39　42.39cm²
❷ 42.39×5＝211.95　211.95cm³

2 (3×4÷2＋4×5÷2＋4×5÷2)×6÷13＝12　12分

3 ❶ (20×20－10×10)×10＝3000　3000cm³
❷ 3000÷150＝20　20ぱい

★ ★ ★

1 ❶ (40×40－10×10)×20＝30000　30000cm³
❷ 30000÷2000＝15　15cm

2 ❶ 4×4×3.14＋8×15＝170.24　170.24cm²
❷ 170.24×10＝1702.4　1702.4cm³

3 (8×8－4×4×3.14)×8＝110.08　110.08cm³

15

31・32ページ

1 ❶ A班 68点　B班 64点
❷ A班 53点　B班 52点
❸ A班 66点　B班 67点

2 ❶ 上から順に、1、4、4、2、1

❷ 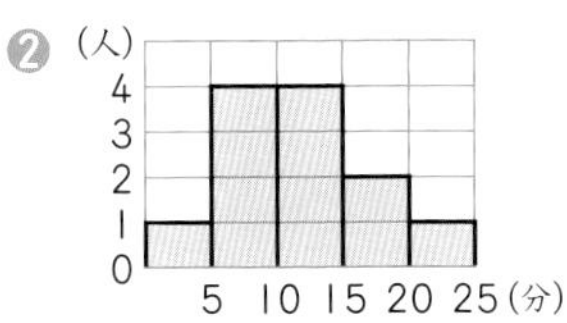

★ ★ ★

1 ❶ 上から順に、
5年生　2、2、3、2、1、0
6年生　0、1、2、3、3、1

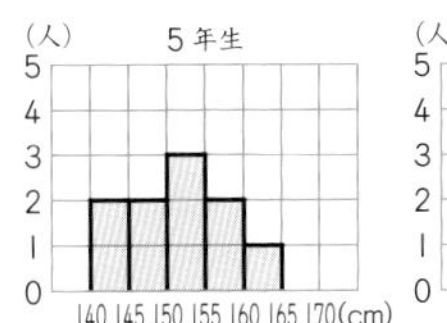

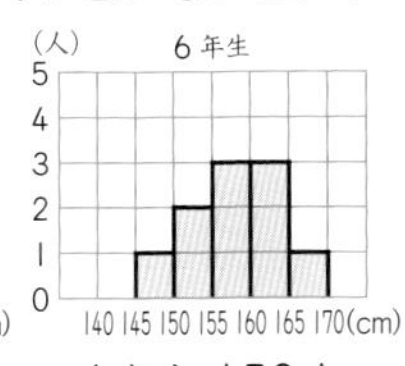

❷ 5年生 151.5cm　6年生 158.1cm
❸ 5年生 158cm　6年生 164cm
❹ 5年生 151.5cm　6年生 157.5cm
❺ 40%

16　33・34ページ

1 2500:1500=5:3　　5:3

2 1400:800=7:4　　7:4

3 $56\times\frac{7}{8}=49$　　49cm

4 $2\times\frac{3}{5}=\frac{6}{5}$　　$\frac{6}{5}\left(1\frac{1}{5}\right)$m

★ ★ ★

1 0.9:1.5=3:5　　3:5

2 $12\times\frac{6}{5}=\frac{72}{5}$　　$\frac{72}{5}\left(14\frac{2}{5}\right)$m

3 ❶ 2:5　❷ 5:4

17　35・36ページ

1 2000−1200=800
1200:800=3:2　　3:2

2 24−14=10
14:10=7:5　　7:5

3 $600\times\frac{2}{5}=240$　　240mL

4 $(84\div2)\times\frac{4}{7}=24$　　24cm

★ ★ ★

1 12600−900=11700
900:11700=1:13　　1:13

2 $(60\times3)\times\frac{2}{5}=72$　　72分

3 $200\times\frac{3}{8}=75$　　75cm

4 $96\times\frac{3}{12}=24$　　24cm

18　37・38ページ

1 ❶ ㋔、2倍　❷ ㋓、$\frac{1}{2}$

2 ❶ 4.4cm　❷ 2.8cm
❸ 45°　❹ 70°

★ ★ ★

1 縮図　拡大図

2 1.8cm　60°　3cm

3 ❶ 3倍
❷ 6cm
❸ 72°

19　39・40ページ

1

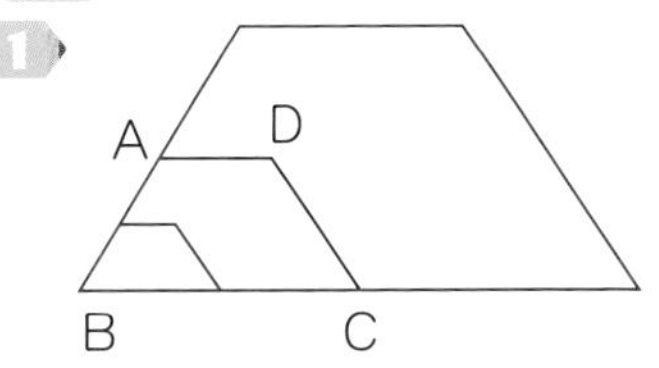

2 分数 $\frac{1}{400000}$、比 1:400000

3 ❶ 4.2m　❷ $6.3m^2$

4 約31.2m

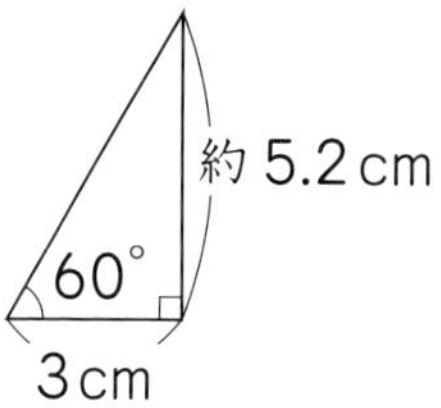

約5.2cm　60°　3cm

★★★

1 分数 $\frac{1}{25000}$、比 1:25000

2 右の図

3 $9km^2$

4 ❶ 80m
❷ $9600m^2$

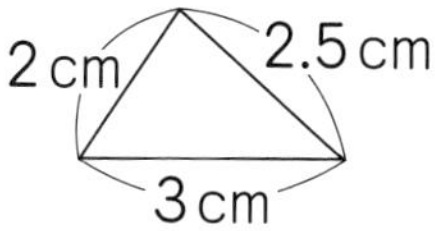

2cm　2.5cm　3cm

20　41・42ページ

1 3×10=30　約 $30m^2$

2 24×25=600　約 $600cm^2$

3 500×300÷2=75000
約 $75000m^2$

4 60×90×31=167400
約 $167400cm^3$

★★★

1 7×16=112　約 $112m^2$

2 7.5×8.6÷2=32.25　約 $32.25m^2$

3 (280+220)×250÷2
=62500　約 $62500m^2$

4 15×30×1.2=540　約 $540m^3$

21　43・44ページ

1 ❶ ㋐ 20　㋑ 400
㋒ 1000　㋓ 2000
❷ 5倍　❸ $\frac{1}{10}$ 倍　❹ 比例
❺ $y=200\times x$

2 ❶ ○　❷ ×　❸ ○　❹ ○

★★★

1 ❶ $y=3.4\times x$　❷ 27.2
❸ 119　❹ 75

2 ❶ $y=6.5\times x$　❷ 58.5　❸ 12

22　45・46ページ

1 ❶ 比例　❷ $y=9\times x$
❸

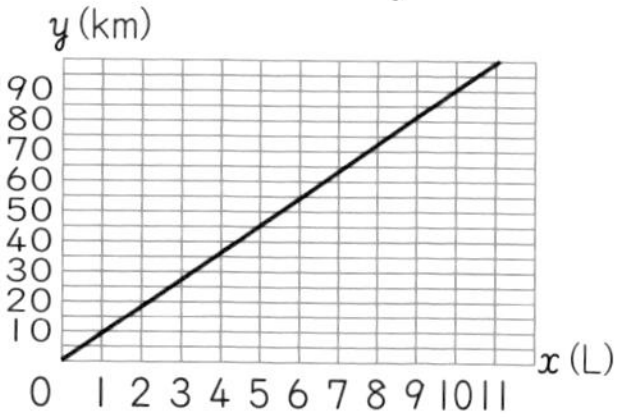

y(km)
90 80 70 60 50 40 30 20 10
0 1 2 3 4 5 6 7 8 9 10 11 x(L)

2 ❶ 9km　❷ 2時間

★★★

1 ❶ $y=10\times x\div 2$
❷ 右の図

2 ❶ 12　❷ 5
❸ $y=4\times x$

3 37×(120÷30)
=148　148g

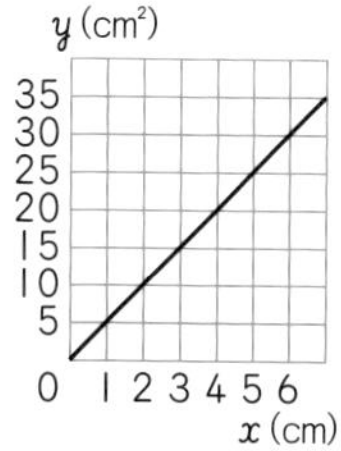

$y(cm^2)$
35 30 25 20 15 10 5
0 1 2 3 4 5 6 x(cm)

23　47・48ページ

1 ❶ ㋐ 8　㋑ 2　㋒ 1
❷ 反比例
❸ $x\times y=8$

2 ❶ ○　❷ ×

3 ❶ $x\times y=6$
❷ 右の図　❸ 2

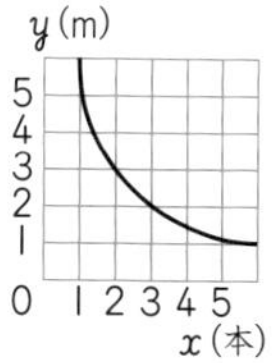

y(m)
5 4 3 2 1
0 1 2 3 4 5 x(本)

★★★

1 ❶ $x\times y=10$
❷ 右の図

2 ❶ 3
❷ 2
❸ $x\times y=12$

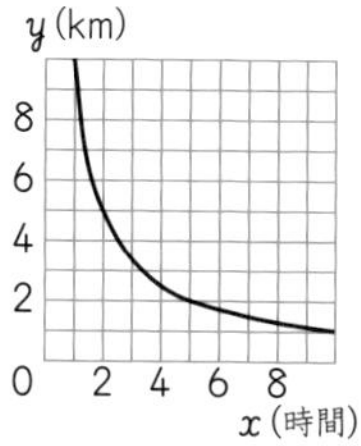

y(km)
8 6 4 2
0 2 4 6 8 x(時間)

24

49・50ページ

1 ❶ 第１走者　B、C、C
第２走者　C、A、B
第３走者　C、A、B、A
❷ ア２通り　イ２通り　❸ ６通り

2 ❶ 上から順に、十の位　5、7
一の位　3、7、3、5
❷ ア６通り　イ６通り　ウ６通り
❸ 24通り

★　★　★

1 12通り　2 16通り
3 24通り　4 24通り

25

51・52ページ

1 ❶

まさる	ゆうと	あゆみ	さなえ
○	○		
○		○	
○			○
	○	○	
	○		○
		○	○

❷ ６通り

2 ❶

	A	B	C	D
A	＼	○	○	○
B		＼	○	○
C			＼	○
D				＼

❷ ６通り

3 ❶
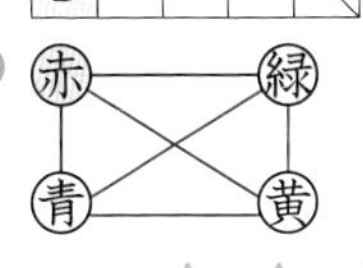

❷ ６通り

★　★　★

1 10通り　2 10通り
3 ❶ ６通り　❷ ４通り

26

53・54ページ

1 ❶ ア３通り　イ３通り　❷ ９通り
2 ❶ ６人　❷ 27人　❸ ７人
3 ❶ ２通り　❷ ３通り

★　★　★

1 18通り　2 33人
3 ❶ ア３通り　イ３通り　❷ ５通り

27

55・56ページ

1 ㋐ 1km　㋑ $100cm^2$　㋒ 1a
㋓ 1ha　㋔ 1mL　㋕ $1000cm^3$
㋖ 1kL　㋗ $1000m^3$

2 1500÷60＝25　25分
3 1500÷25＝60　60ぷくろ
4 5400÷20＝270　270mL
5 10000÷4＝2500　2500枚

★　★　★

1 ㋐ $100cm^3$　㋑ 1mL　㋒ 100g
㋓ 1kg　㋔ 1t

2 25×15×1＝375　$375m^3$
375000kg
3 1600－700＝900　900g
4 50000÷(40×50)＝25　25cm
5 (1×0.4－0.3×0.2)×0.4
＝0.136　136kg

28

57・58ページ

1 (82－24)÷2＝29
29＋24＝53　53、29
2 (33－5)÷2＝14
14＋5＝19
水 19本　お茶 14本
3 120÷3＝40　40×2＝80
兄 80個　弟 40個
4 ❶ 12＋4＝16　16×3＝48
あや 16さい　父 48さい
❷ 48－4＝44　44さい

★　★　★

1 $(80-30)\div 2=25$
$25+30=55$
電車 55分 バス 25分

2 $(35-3)\div 4=8$
$8+3=11$ 11さい

3 $80\div 2\times\frac{3}{8}=15$ $40-15=25$
縦 15cm 横 25cm

29

59・60ページ

1 ❶ $23+45=68$ 68個
❷ $68\div(5-3)=34$ 34人
$3\times 34+23=125$ 125個

2 $900\div\frac{3}{5}=1500$ 1500円

3 $60\times 6=360$ 360m
$360\div(90-60)=12$ 12分後

★ ★ ★

1 $38+55=93$
$93\div(8-5)=31$ 31人
$5\times 31+38=193$ 193本

2 $155+25=180$
$180\div\left(1-\frac{3}{7}\right)=315$ 315ページ

3 ❶ $1080-60\times 8=600$ 600m
❷ $600\div(60+90)=4$
$4+8=12$ 12分後

30

61ページ

1 ㋑、㋓

2 $6.5\times x\div 2=26$ $x=8$ 8cm

3 ❶ $1\frac{1}{2}\times\frac{6}{5}\div 2=\frac{9}{10}$ $\frac{9}{10}$cm²
❷ $\frac{9}{10}\div 1\frac{1}{2}=\frac{3}{5}$ $\frac{3}{5}$cm

4 $400\div\frac{8}{5}=250$
$250\times 0.7=175$ 175円

31

62ページ

1 $3\frac{9}{10}\div\frac{4}{5}=\frac{39}{8}$ $\frac{39}{8}\left(4\frac{7}{8}\right)$分

2 $4\times 4\times 3.14\times 2+8\times 8$
$=164.48$ 164.48cm²

3 $3-1.8=1.2$
$1.8:1.2=3:2$ 3:2

4 $10\times 15=150$ $\frac{25}{3}\times\frac{50}{3}=\frac{1250}{9}$
$150:\frac{1250}{9}=27:25$ 27:25

32

63ページ

1 ❶ $3\times 300=900$
$7\times 300=2100$
$(9+21)\times 2=60$ 60m
❷ $9\times 21=189$ 189m²

2 ❶ $8\times 6\div 2\times 15=360$ 360cm³
❷ $8\times 8\times 3.14\times 5=1004.8$
1004.8cm³
❸ $(10\times 10-4\times 2)\times 8$
$=736$ 736cm³

33

64ページ

1 18通り

2 15通り

3 $(128-12)\div 2=58$
$58+12=70$
5年生 70人 6年生 58人

4 ❶ $29+43=72$
$72\div(6-4)=36$ 36人
❷ $4\times 36+29=173$ 173冊

3 2 1 0 9 8 7 6 5 4
＊ ＊ D C B A